「ぱっと見」では気づかない

すごすぎる雑草

岩槻秀明

ビジュアルだいわ文庫

大和書房

はじめに

皆さんは「雑草」という言葉にどのようなイメージがあるでしょうか。こう問うと、

・その辺に雑然と生え、目障りで、抜いてしまわないとダメなもの…
・黙っていても、こまめに取っても、またすぐに生えてきて、厄介なもの…
・名前はあるのだろうけれど、あまりよく分からないもの…

こんなネガティブな声ばかり聞こえてきそうです。その一方で、

・どんなに踏まれても抜かれても、へこたれずに咲くたくましいもの…
・人目知れず小さいながらも可憐な花を咲かせる健気なもの…

・地味ながらも、身近な風景に季節の彩りを添えてくれるもの…

こう答えてくださる方もいらっしゃると思います。ただおそらく後者は少数派なのかな…。

現代社会に生きるわたしたちは、気がつけば人工物に囲まれ、自然との間にできた距離感は広がる一方です。生活は便利で快適となりましたが、自然にふれ、季節のうつろいを感じ、ふと立ち止まって足元に咲く雑草の健気な姿に癒される…こういう機会は、がくんと減ってしまったように思います。

本書は、雑草を中心にさまざまな植物を解説した本ですが、種の解説よりも「生きざま」に焦点をあてたものになっています。動物のように動き回るわけではないので、なかなか実感を持ちづらいのですが、植物も生きもので、それぞれに「命」を持っています。万人に愛され大切にされている桜と、その下で踏んづけられてもみくちゃにされながらも頑張って咲く小さな雑草も、どちらも同じ「かけがえのない命」なのです。

植物も自らの天命を全うし、次世代へと命をつなぐために必死で、厳しい自然界で生き残るためにあれやこれやの手を尽くして頑張っています。その生きざまを垣間見ることで、冒頭で紹介した雑草のイメージが、前者から後者へと少しでも変わっていくといいな…そんな淡い期待を抱きながら、本書の制作に取り組みました。

雑草の魅力・不思議は無限大にあり、本書ではその1%もお伝えしきれていないと思います。ぜひ本書を機に、外に出たら足元に咲く小さな雑草にも目を向けて、自分なりの発見を楽しんでみてくださいね。

2019年4月　岩槻秀明

Contents

奇想天外な雑草たち

Part2

驚くほどクレバーな雑草たち

トホホな雑草たち

これぞ雑草魂！

Part 5

タネ飛ばし七変化

Part 1

奇想天外な雑草たち

枯れ……ていません！

植物の寿命はどのくらいでしょうか。クスノキなどの背の高い樹木は、数十年、場合によっては数百年単位で生き続けることは容易に想像できます。では、草はどうでしょう。じつは草の場合は種類によってピンキリです。大きく分けて、発芽してから枯れるまでが1年に満たない一年草、株が充実するまで何年か生きるものの結実後は枯れてしまう二年草（84～89ページを参照）、そして結実後も枯れないで、何年でも開花結実を繰り返す多年草の3つのライフサイクルがあります。

一年草は、主な生育時期によって、夏緑（かりょく）一年草と冬緑（とうりょく）一年草に大きく分けられます。夏緑一年草は、春に発芽した後に夏から秋にかけて開花・結実し、冬が来るまでに枯れてしまうもの、一方の冬緑一年草は、夏～秋に発芽してそのまま越冬、翌春に開花・結実して梅雨入りの声が聞こえるまでには枯れてしまうものです。越年草（えつねんそう）と書くこともあります。これらは地上の姿が見えない時期は、土中

春がくる前に咲く

フクジュソウ

キンポウゲ科　北海道～九州

正月飾り用に鉢物が出回っているが、それは人工的に開花時期を調整したもの。野外での開花は2～3月頃。

で発芽を待つタネのみが残り、株そのものは完全に枯れてしまっています。

一方の多年草は、その多くが冬の到来とともに地上部は枯れてしまいます。ところが、株そのものが枯れてしまうわけではありません。地中の根茎はしっかり生きていて、すでに来春に向けた準備が行われています。そのため宿根草（しゅっこんそう）と呼ぶこともあります。これは冬の厳しい寒さを乗り切るためのワザのひとつです。

草木茂る夏、だからお休みします

しかし多くの多年草が枝葉を元気に伸ばす夏に、あえて地上部を枯らして休眠するようなものもいます。フクジュソウやセツブンソウ、カタクリなどが、その

小さな花が愛らしい

セツブンソウ

キンポウゲ科　本州

キクザキイチゲ

日本在来のアネモネの仲間で、花色のバリエーションが豊富。

セツブンソウの名前の由来は節分のころに、花が咲きはじめるから。

代表的な存在でしょう。これらは落葉樹を中心とした林内に生える小さな多年草で、春早くに芽生えて、いっせいに開花、ほかの草木が茂ってくる前には地上部を枯らしてしまいます。春の訪れとともにぱっと現れて、あっという間に姿を消してしまうことから、俗にスプリング・エフェメラル（春の妖精）とも呼ばれています。

新緑の季節を迎える頃には、木々の葉も茂って、林床に日光が届かなくなります。しかし春の到来から、林床が鬱蒼とするまでには1か月ほどのタイムラグがあります。春の妖精たちは、そのすき間をうまく活用して、林床に日の当たるうちに葉をのばして開花・結実。草木が茂

元祖、片栗粉のモト！

カタクリ

ユリ科　北海道〜九州

本来の片栗粉は、これの球根から採ったでんぷん。ただ量産できないため、市場に出回っているものはジャガイモなどのでんぷんで代用したもの。

って鬱蒼となる夏場は地中でお休みし、次の春に備えるのです。

夏も冬もお休みします

ツルボは、夏と冬の2回休眠するという、ちょっと複雑なライフサイクルを送っています。ツルボの花期はお盆休みの頃から9月にかけて。花期が訪れると、数枚の葉とともに花茎を伸ばし、薄い紫色の可憐な花穂をつけます。葉はその後も残り、場合によっては結実してタネをこぼしますが、冬の訪れとともに地上部は枯れて休眠に入ります。翌年、春の足音が大きくなってくると再び葉を出し、春は葉のみで過ごします。さらに季節が進んで、木々の葉が色濃くなる頃には春

▼中国原産で、観賞用に栽培される。8月頃に、にゅっと花茎を立ちあげて淡いピンク色の花を咲かせる。

ピンクの花がかわいい

ナツズイセン

ヒガンバナ科　外来種

夏と冬はお休み

ツルボ

キジカクシ科　全国

▲日当たりのよい場所に普通に見られる。旧盆を過ぎるころから、花の穂を出し、可憐な薄紫色の花を咲かせる。

の葉は枯れて、再び休眠に入ります。そしてお盆休みの頃に花茎を…これをずっと繰り返しています。キツネノカミソリやナツズイセンも、ツルボと比べるとその時期は多少ずれるものの、似たようなサイクルを送ります。

なお、茨城県内を流れる小貝川で最初に発見されたコカイツルボと呼ばれる系統は、花期には葉が出ず、花茎だけを伸ばしますが、それ以外は普通のツルボと同様のライフサイクルで、春になるときちんと葉を出します。

耕されるほどなぜか元気になる草

畑が耕されると、そこに生えていた雑草は、土といっしょに激しくかき混ぜられながら細かく破砕され、ボロボロになってしまいます。そのまま枯れてしまう植物も多いのですが、中には耕せば耕すほど、ちぎればちぎれるほど、その分元気に増えていくような植物もあります。

根の切れ端たった1㎝で復活！

ワルナスビは、北アメリカ原産の多年草で、根茎を深く長く張りめぐらせて広がっていきます。花がきれいですが、持ち前の繁殖力と鋭い刺で、厄介者扱いされていて、名前にもその嫌われっぷりがよく表れています。結実率はあまり良くないのですが、その代わり根茎が、強靭な繁殖力を支える根源となっています。根茎がバラバラにちぎれると、それぞれの切れ端から再生し、まるで分身していくかのごとく増えていきます。しかも、たった1㎝の根茎から復活可能と言われ

1cmの根茎で復活！

ワルナスビ

ナス科　外来種

白色や薄い青紫色の星形の花を多数咲かせ、ぱっと見はジャガイモのようにも見える。花はきれいだが、刺が鋭いのでうかつに手を出すとかなり痛い思いをする。

るほどの再生力です。

そのため一度畑に侵入すると、非常に大変。畑を耕すと、根茎が切り刻まれてたくさんの切れ端ができます。この切れ端は、土と一緒に畑全体へと拡散し、さらにトラクターなどの農機とともに、周辺にもまき散らされていきます。つまり、耕すたびにワルナスビの繁殖を手助けしてしまうことになり、根絶は極めて困難、農作業にも大きな支障をきたしてしまいます。コヒルガオやキレハイヌガラシなども同様に、根茎の切れ端で繁殖し、土がかく乱されるほど繁茂します。

球根がまき散らされる

南アメリカ原産のムラサキカタバミ

ムラサキカタバミの根を掘り上げたもの。株もとに小さな球根がたくさんできている。

江戸時代にやってきた

ムラサキカタバミ

カタバミ科　外来種

は、赤紫色の可憐な花を咲かせることから観賞用に栽培されてきました。その歴史は古く、江戸時代末期には渡来していたと言われています。ムラサキカタバミは、花が咲いても結実しません。代わりに、株の根もとに「小さな球根」をたくさんつくり、これで繁殖します。小さな球根のみで繁殖するため、普通は、株の周囲でじわじわと増えていく程度なのですが、これが農地などの土の移動が激しい場所に侵入すると、途端に爆発的な勢いで広がります。土のかく乱によって、株もとの小さな球根がバラバラになって、広域にまき散らされ、それぞれが新しい株となって成長するためです。

地下におびただしい球根

ショクヨウガヤツリ

カヤツリグサ科 外来種

▶原産地不明の多年草で、湿地、乾燥地どちらでも生育可能。ぱっと見は在来種のカヤツリグサに似るが、穂の色はより黄色みが強い。

△タイガーナッツ。食用として栽培される系統の塊根。日本で繁茂している系統はあまり食用には向かないという。

何百個もの球根！

近年農地周辺で急増傾向にあるショクヨウガヤツリも、同様の理由で、根絶困難で厄介な外来雑草として嫌われています。ショクヨウガヤツリは種子繁殖もしますが、同時に地下茎をのばしてその先に塊根（かいこん）をつくります。その数は何十〜何百にも及びます。この塊根が土とともにあちこちに散らばって、それぞれが成長。ねずみ算式に増えていくのです。

体力がないときは、雄になります

植物の中には、雄株と雌株が別に存在するものがあります。また雄株と雌株の区別がなくとも、同じ株の中に雄花と雌花とが別々に咲くものもあります。ホウレンソウやヤマノイモ、カラスウリなどは前者、キュウリやオモダカ、エノキグサなどが後者になります。

1つの花に雄しべ・雌しべともに存在し、雄花と雌花の区別がないものを両性花と言いますが、それらの中には、自家受粉を防ぐために1つの花の中で雄しべと雌しべの成熟するタイミングを意図的にずらしているものもあります。オオバコやシロザ、キキョウなどがこのようなシステムを採用していますが、雄しべが成熟している時期（雄性期）と雌しべが成熟している時期（雌性期）とで花のかたちは微妙に異なります。

また、同じ種類の中で、株によって雌しべの長短が異なるものもあります。雄しべよりも雌しべが長く伸びる長花柱花と、雄しべよりも雌しべが短い短花

オオバコの穂は下から上に向かって花が咲き進んでいく。咲きはじめは雌性期で花は閉じたままで1本の雌しべが突き出る。その後雄性期へと移行し、花が開いて雄しべが顔を出す。

雄しべ・雌しべの成熟時期をずらす

オオバコ

オオバコ科　全国

柱花(ちゅうか)の2つがあります。長花柱花どうし、短花柱花どうしでは受粉しづらく、長花柱花と短花柱花の組み合わせで受粉成功率が高くなります。サクラソウの仲間などの花に見られる性質で、これも自家受粉を防ぐためのしくみです。

ずっと雌株、雄株のはずが……

一般に雌雄別株の植物の場合、雄株として育ったものはいつまで経っても雄株、雌株として育ったものはずっと雌株のままで変わることはありません。

ところが、山地の林内に生えるテンナンショウの仲間は驚くべき性質を持っています。なんと株の成熟具合に応じて、自分の性を自在に変えることができるの

雌株

雄株

ウラシマソウの花の苞をめくると、太い棒のような部分の根もとに小さな花が多数ついているのが確認できる。ウラシマソウは、花のついている棒の先が、苞から長く突き出る。これを浦島太郎の釣り竿に見立てたことが名前の由来。

体力が充実したら雌株に！

ウラシマソウ

サトイモ科　本州〜九州

です。

テンナンショウの仲間、たとえばウラシマソウは、タネから芽を出した後、地中に塊茎（いわゆるイモ）をつくり、その中に養分を蓄えながら何年もかけてじっくりと大きくなっていきます。花の後にタネをつくる必要のある雌株は、体力を大きく消耗します。そこで、しっかりとしたタネをつくるために、体力が充実したタイミングで雌株になります。体力の状態がイマイチな時は、雄株として株の消耗を防いでいます。ただ、たまに両性具有の状態、すなわち、雄花と雌花が混じって咲くこともあります。

引っこ抜くと土の中に花が……!?

わたしが子どもの頃の話です。当時はクイズ番組全盛期で、わたしもメモを取りながら一緒になってクイズを解いていました。その中でも特に強く印象に残っているのが、「ピーナッツができる様子を書きなさい」という問題。ピーナッツは花が咲いた後、土の中にもぐっていき、豆は地中にできる…これを知った瞬間、そんな植物が存在するのかと、強く心を揺さぶられたのでした。ピーナッツは、落花生またはナンキンマメとも呼ばれます。地上で黄色い花を咲かせた後、子房（しぼう）（のちに果実となる部分）の柄が下に向かって伸びて、先が土の中にもぐり、地中で結実します。当時は苗やタネの入手が難しかったのですが、現在はホームセンターで容易に購入できます。

身近な植物の中には、そんな奇妙な性質はないだろう、長らくそう思いこんでいたのですが、あるとき、調べ物をしていて読んだ図鑑の記述に目が留まりました。それによると、いたるところに繁茂しているつる草のヤブマメが、地上の花

開花後、土の中へ

ナンキンマメ

マメ科　外来種

▽ナンキンマメは落花生、ピーナッツとも呼ばれている。花は地上に咲くものの、その後は子房の柄が下へとのびて地中にもぐり、その中で豆が育つ。

地下にも花が!

ヤブマメ

マメ科　全国

△ヤブマメは山野のいたるところに普通に生えるつる性の1年草。秋になると地上には、薄紫色の花がつく。

や果実とは別に、こっそりと地下で開花・結実しているというのです。まさか?と思い、庭の隅につるを伸ばしていたヤブマメを試しに1本引っこ抜いてみると、白くひょろひょろとした茎の先に、とても小さな白い花のようなものと、地上のそれとは形が異なる豆が出てきました。さらに調べると、ヤブマメの地中果は昔からアワと呼ばれており、栗のような味がして美味（わたしは味見はしていません）なことから、かつては好んで食べられたとのことです。もちろんヤブマメの地中果も発芽能力を持っています。地上部が草刈りなど何らかの理由で大きなダメージを受けて、タネを残せなかったとしても、こうやって地中にも

地中の花もキレイ！

オオミゾソバ

タデ科　北海道〜九州

オオミゾソバはミゾソバの変種で、薄暗くジメジメとした場所に群生する。葉のかたちがやや異なる以外に、花色が濃くて美しいものが多い。と同時に地中にも白くて地味な花と果実をつける。

実をつくることでタネを確実に残すことができます。

また、水辺に群生するミゾソバも、土の中で開花・結実を行います。ミゾソバの仲間は変異が多く、葉のかたちなどの形質のちがいから、ヤマミゾソバ、ニシミゾソバ、オオミゾソバなどいくつかの変種があります。最も普通に見られるのが、頭に何もつかないミゾソバで、これにも地中花や果実ができますが、言われてはじめて気づくレベルの地味なものです。一方、変種のオオミゾソバは、引っこ抜くと白くひょろひょろとした茎とともに明らかな地中花と果実がくっついてくるので、観察にはこちらが適しているかもしれませんね。

分布拡大中

マルバツユクサ

ツユクサ科　本州〜沖縄

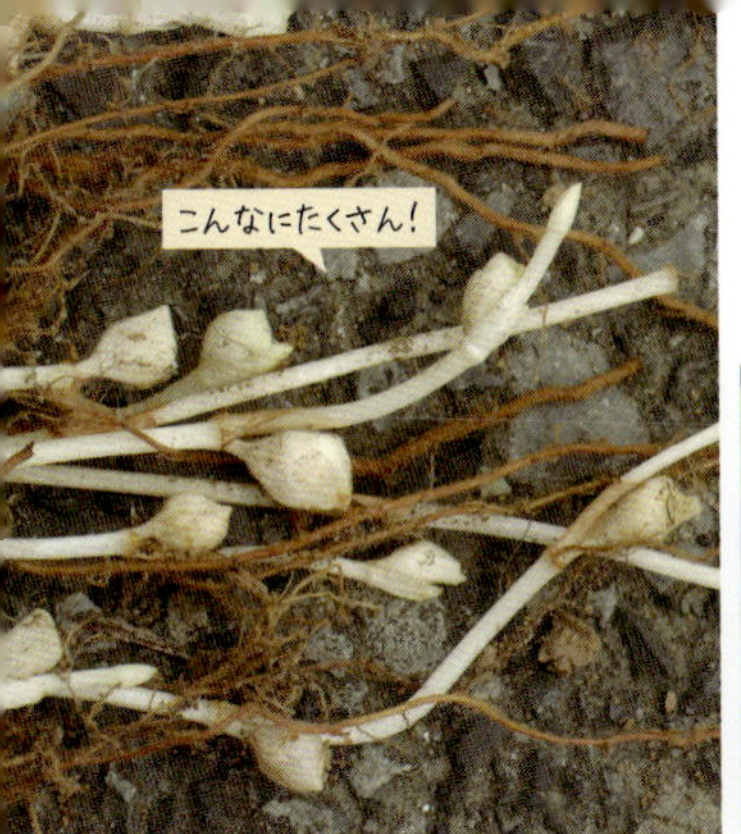

マルバツユクサは、地中に多数の白い茎を伸ばし、そこに果実が数珠つなぎになってつく。その数も多いため、他の地中花・地中果をつける植物と比べても見ごたえはじゅうぶん。

可憐な花の下には……

マルバツユクサは、東海地方以西に自生する一年草です。気候の温暖化が関係しているのか分かりませんが、近年、分布を東へ、北へと拡大しつつあり、関東地方でも比較的よく見られるようになってきています。このマルバツユクサは、地中花と地中果をびっしりとつけるため、引っこ抜いたときの見た目のインパクトは絶大です。ただ、その分繁殖力も絶大。農薬への耐性もあるようで、一度入りこむと根絶はほぼ困難です。

自分で「日照り対策」しています！

夏の畑地雑草としておなじみのスベリヒユ。強烈な日照りと熱気、乾燥にさらされ続けても、全く動じる気配はありません。茎や葉には厚みがあり、中に水分が蓄えられています。潰すと水分とともにぬめり成分がにじみ出てきて、ぬるぬると滑ります。名前の「滑り」はここから来ているとも言われます。

そしてスベリヒユには、サボテンと同じような砂漠仕様の光合成システムが備わっています。一般に植物は太陽からの光を受けて、光合成を行い、二酸化炭素や水を原料に、みずからの生育に必要な養分をつくりだしています。光合成に必要な二酸化炭素は、葉の表面にある「気孔(きこう)」という穴から取り込まれます。一方で、気孔を開いていると、体内の水分が外に出てしまいます。そこで高温・乾燥時は気孔を閉じて、体内の水分が喪失するのを防いでいます。ところが、気孔を閉じてしまうと、今度は体内の二酸化炭素量が減少する一方で、光合成でできた酸素がたまってしまいます。この状態に陥ると、光合成の効率が悪くなり、必要

サボテンのような光合成システム

スベリヒユ

スベリヒユ科　全国

小さな黄色い花が咲くものの、
朝のうちで閉じてしまう。

な養分がうまくつくれなくなります。そのため、多くの植物は高温と乾燥の組み合わせが苦手です。

苦手な「高温乾燥」を克服

この光合成システムの欠点を克服し、高温乾燥下でも生育できるようになった植物も多く存在します。いわば乾燥地仕様の光合成システムと言ったところですが、採用しているシステムの仕様のちがいによって、大きくC_4植物とCAM植物の2つに分けられます。C_4植物は熱帯～亜熱帯の乾燥草原を原産とするものに多く、身近なものではトウモロコシやススキ、サトウキビなどが該当します。

一方のCAM植物は、いわば「砂漠仕

様」で、より極度な乾燥にも耐えられるシステムとなっています。サボテン科やベンケイソウ科の多肉植物などに見られる仕様で、夜間に気孔を開いて二酸化炭素を取り込み、リンゴ酸という物質に変換して体内に貯めこみます。昼間はそこから二酸化炭素を取り出して光合成を行うことができます。そのため、昼間は乾燥を防ぐため気孔を閉じていても、まったく問題ありません。冒頭のスベリヒユは、多肉植物として茎や葉に水分を蓄えつつ、CAM植物として「砂漠仕様」の光合成システムを持っているため、真夏の日照りに長期間さらされても、まったく平気なのです。

芽が出て花が咲くまで1週間！

さまざまな野菜の生産の場となっている畑。土をしっかり耕して、生えてくる雑草をこまめに取る…美味しい野菜をつくるために欠かせない作業の1つです。雑草側にしてみれば、いつ耕されたり、除草剤をまかれたりするか分からない畑は、針のむしろに座ったようなもの。うかうかしていると、発芽してから枝葉を伸ばし、花を咲かせてタネを残し、次世代に命をつなぐといった、基本のライフサイクルを最期まで全うできない可能性が高いのです。

このような場所で生き残るためには、とにかく早く、少しでもたくさんのタネを残すことが大切になります。そのため、畑に生える雑草は成長がとても早く、短命な傾向があります。中には、発芽から1週間ほどで開花・結実ができるようなものもあります。

また、少しでも生育可能な状態になると、季節に関係なく発芽し、あっという間に開花・結実するため、1年のうちに何代もの世代が代わっていきます。

人が進化の手助けをした

人里周辺に普通に生えるスズメノテッポウ。人と生活をともにしてきた結果、長い年月をかけて、水田と畑それぞれの環境に適応しながら、2つの変種へと分化していきました。

現在は、水田環境に適応したものが狭義スズメノテッポウで、畑地環境に適応したものはノハラスズメノテッポウと呼ばれています。ノハラスズメノテッポウは、スズメノテッポウに比べると成長が早く、穂は細めです。また、ノハラスズメノテッポウの小穂は芒（のぎ）がほとんどありませんが、スズメノテッポウの小穂には、肉眼でもはっきりと分かるような短い芒があります。

季節ごとの作業内容が決まっている水田では、毎年同じサイクルで環境が変化していきます。そのため、水田に適応した狭義スズメノテッポウのライフサイクルには、季節性がはっきりと現れます。つまり、稲刈り後に発芽し、冬のあいだじっくりと株を充実させ、春にかけて開花・結実します。水田作業が始まる前にはタネを残し、夏の間はタネの状態で休眠するのです。不測の事態が少ないため、じっくりと時間をかけて、大きくて発芽率のよいタネをつくっていきます。

こちらは稲作サイクルに沿う

狭義スズメノテッポウ

イネ科 北海道〜九州

水田の環境に適応した変種。春先にのみ穂が出る。穂はがっしりとした感じ。

常にスピード感が必要な

ノハラスズメノテッポウ

イネ科 北海道〜九州

畑地の環境に適応した変種。乾燥した場所に普通に生え、季節に関係なくダラダラと穂を出していることが多い。

一方、いつ耕されるか分からない畑地環境に適応したノハラスズメノテッポウは、常に不測の事態と隣り合わせです。そういう環境でタネをつくるためには、スピード重視で、質より量が大切。小さくて発芽率が悪くても良いから、少しでも早く、少しでも多くのタネを残すことで、生き残りを図っているのです。また、条件が良ければ、季節に関係なく発芽して、開花・結実をします。

＼これも開花までが早い！／

ゴウシュウアリタソウ

オーストラリア原産の1年草で、畑地や荒れ地に繁茂している。発芽から1週間くらいで開花・結実を始める。

コニシキソウ

北アメリカ原産で、明治時代に渡来して以来急速に全国に拡大。今ではどこにでもごく普通に見られる。

種子植物だけど、タネをつくらない？

小中学生時代、理科の授業で、「花を咲かせて、種子で増えるのが種子植物」と習いました。確かにその通りなのですが、型破りな「例外」が存在するのもまた自然界の掟です。さまざまな事情で「種子植物なのに、種子ができない・できにくい植物」を紹介します。

八重咲きの花は美しいけれど……

通常よりも花びらの枚数が多い八重咲き種は、雄しべと雌しべが花びらに変化したものです。雄しべと雌しべは種子形成のかなめとなる部分ですが、八重咲き種ではその機能が失われてしまいます。そのため、種子をつくることができなくなります。

八重咲き種は、見た目が豪華で美しいため、人工的に品種改良が加えられる園芸植物が圧倒的に多いのですが、自然界にも存在します。最も身近なのがヤブカ

＼こちらは種子ができる／

ノカンゾウ。花は一重咲き。

種子をつくれない

ヤブカンゾウ

ススキノキ科　北海道〜九州

雄しべや雌しべが花びらに変化しているが完全ではなく、その痕跡が残っていることも多い。

ンゾウでしょう。山野にごく普通に生える多年草で、夏に直径8㎝ほどの橙色の花を咲かせます。八重咲きなので結実しませんが、根茎でどんどん繁殖していきます。一方、ヤブカンゾウとは変種関係にあるノカンゾウも、同様に山野のいたるところに生えています。ノカンゾウは一重咲きで、雄しべや雌しべの機能は正常です。結実率こそ良くないものの、種子繁殖も可能です。

三倍体（さんばいたい）

秋のお彼岸を赤く彩るヒガンバナ。花後は結実せず、繁殖はもっぱら球根ですが、これは染色体数が関係しています。生殖に関わる細胞ができるときには、

＼こちらは種子ができる／

△コヒガンバナ。別名はシナヒガンバナで、ヒガンバナよりも半月ほど早く咲く。まず見かけないものだったが、ヒガンバナ人気に火がついてからは、他の園芸品種とともに植えられることがある。

球根で繁殖する

ヒガンバナ

ヒガンバナ科　全国

秋の彼岸頃に、いっせいに開花し、神社やあぜを真っ赤に彩る。

分裂時に染色体数が半分になる「減数分裂」が起こります。多くの動植物は、同じ染色体を2組ずつ持つ二倍体（2n）なので、減数分裂時に染色体数はきちんと半分になります。ところがヒガンバナは、同じ染色体を3組ずつ持つ三倍体（3n）なので、減数分裂時にちゃんと半分ずつにならず、うまく生殖細胞をつくれません。よって結実できないのです。

ちなみに、変種のコヒガンバナは「二倍体のヒガンバナ」です。外見はヒガンバナそっくりですが、花期が2〜3週間ほど早く、きちんと結実します。

なお、オニユリも三倍体で結実しませんが、地中の鱗茎（いわゆるゆり根）や、葉わきにできるむかごで繁殖できるため、種の維持に支障はないようです。

たくさん生えているように見えても

シロバナサクラタデは、水辺に群生する多年草です。地下茎を張りめぐらし、旺盛に繁殖します。いわゆる「タデ」の中では花が大きいほうで、白色でありながらも見ごたえ十分、虫もよくやってきます。ところが雌雄別株なのが仇となり、結実率が極端に低い傾向があります。地下茎で繁茂するため、見渡す限りの群生で、さぞかし多数の株があるのかと思いきや、じつは全部が同じ株の由来で、性別も同じということが少なくありません。

また、雌雄同株でも、自家受粉だと結実できない「自家不和合性」の性質を持っていて、なおかつ地下茎を広範囲に張りめぐらせるような植物では、これと似たような状況が起きがちです。1匹の昆虫の行動範囲内に咲く花が全部同じ株由来だとすると、結局は自家受粉と同じだからです。ヒルガオやコヒルガオが道ばたでたくさん花を咲かせていても、果実が滅多に見られないのは、こうした事情が関係しています。それでも市街地などでは、工事などの人間活動とともに、あちこちから株が持ち込まれがちで、他家受粉が起きて結実しやすくなります。

たくさんあっても元はひとつ!?

シロバナサクラタデ

タデ科　全国

貴重なタネ

雌雄別株だが、開花しないと雌雄は分からない。

雌花

雄花

咲かないウキクサ、咲くアオウキクサ

田んぼの水面に浮かんでいるウキクサは、1枚の丸い葉のような体（葉状体（ようじょうたい））という）で、その裏側には多数の根が生えています。繁殖方法は独特で、新たな葉状体が出てきては分離、出てきては分離を何度も繰り返しながら、ねずみ算式に増えていきます。その姿はまるで細胞分裂でも見ているかのようです。秋になると、新たにできる葉状体は養分を蓄えて厚みを増し、殖芽（しょくが）という形態に変化して水底に沈みます。これで越冬し、翌春、気温の上昇とともに再び水面に浮いて生育を始めます。花や果実は、滅多に見られません。

同じ仲間のアオウキクサは、葉状体がやや小さくて、1枚の葉状体に根は1本です。田んぼでよくウキクサと一緒に浮かんでいます。このアオウキクサも、ウキクサ同様に〝細胞分裂ふう〟の増え方をしますが、一方でよく開花し、よく結実します。一年草なので株は秋に枯れ、タネで越冬するのです。ただ、花・タネとも微小で、一斉に咲いていてもまず気づかないものです。

細胞分裂のように増える

ウキクサとアオウキクサ

サトイモ科 全国

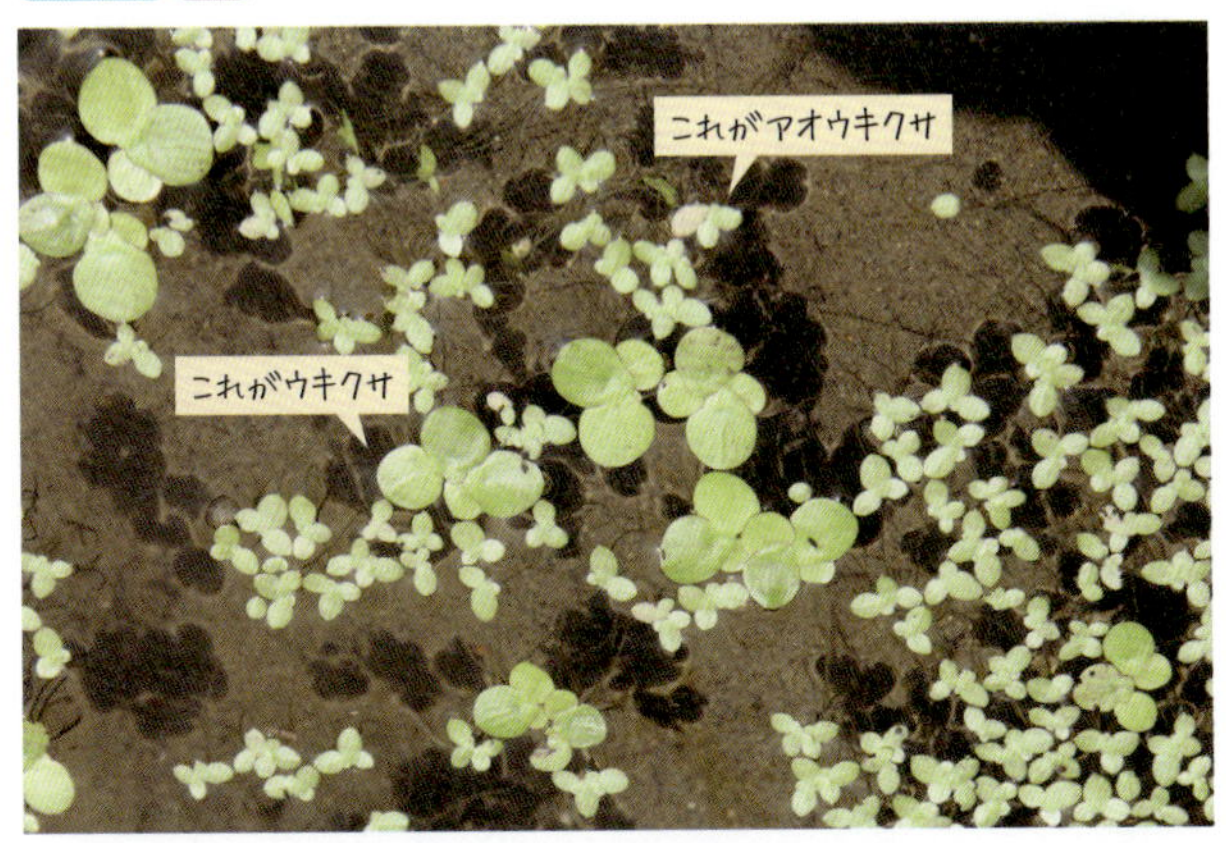

＼ 似ているが、繁殖方法は違う ／

ウキクサ

晩秋のウキクサ。丸く茶色い部分が殖芽で、これが水底に沈んで越冬する。

アオウキクサ

ウキクサと異なり、自然の状態でもよく咲き、よく実る。

ショウガやサツマイモのタネ

香辛野菜のショウガは、どこでも栽培されているようなありふれた存在ですが、その辺で花を見たことのある人はまずいないと思います。日本では環境が合わないため、温室で何年も育てると咲く可能性が…という程度で、収穫を目的とした通常の栽培下ではまず咲かないと言われます。果実に至っては、言うまでもありませんね。サツマイモも同様ですが、こちらはもう少し開花条件がゆるく、暖地では花を見ることができます。ただ、通常の栽培で結実まで求めるのは、なかなか至難の業です。

花が咲いたら吉兆？

キチジョウソウは、いかにも縁起の良い名前ですね。これは「滅多に開花しないので、花が咲いたら吉兆だ」としてつけられたものです。山林に自生するほか、庭の下草としても栽培されますが、市販品はよく咲き、よく結実します。そのため、キチジョウソウの開花率が本当に低いかどうか真意のほどは不明です。

見られたらラッキー!?

キチジョウソウ

キジカクシ科　本州〜九州

果実は熟すと赤くなる。

＼これもタネができにくい／

ホナガカワヂシャ

カワヂシャと、外来種オオカワヂシャとの雑種。穂が異常に長くなり結実は悪いため、スカスカに見える。ただ、多少なりともタネができ、種子繁殖すると言われている。

つるが伸びて土に潜る！

晩秋の野山では、カラスウリの真っ赤な果実が目立ちます。冬の到来とともに、地上のつるは枯れ、果実もしぼんで茶色く干からびていきますが、株そのものは生きていて、地中にある芋のように膨らんだ根で越冬します。春になると再び芽を出し、あちこちに絡みつきながら、旺盛につるを伸ばしていきます。しかし、秋になるとつるの伸びかたに変化が現れます。今まで力強く巻きつきながら伸びていたつるの先が下を向き、地面に向かって一直線に垂れていきます。木々の間から、つるが何本も垂れさがる光景は何とも不思議なものです。先端が地面に到達すると、そのまま土の中へと潜っていき、そこに「芋のような根」ができます。「芋のような根」は、春になると新しい株として成長を始めます。

スズメウリやアマチャヅルも同様に、秋になると、つるの先が地中に潜って、「芋のような根」をつくります。

真っ赤な果実が連なる

カラスウリ

ウリ科　本州～九州

つるは秋になるとぶらんと垂れ下がる。

カラスウリは雌雄別株。赤い果実ができるのは雌株のみ。

スズメウリ

＼ これも同じ ／

水辺に生える繊細な感じのつる草。秋に白くて丸い果実がたくさんぶら下がる。

つるの先が地中に潜り、「芋のような根」をつくった。

栄養たっぷりでもダメなんです

　河川や湖、沼など、自然界に存在する淡水は、「純水」ではなく、さまざまな物質が溶け込んでいます。これらのうち、水中でくらすプランクトンなどの養分となる物質（窒素とリンなど）を「栄養塩」と言います。そして、この栄養塩の量のちがいは、水辺の生態系を考えるうえでとても大切です。栄養塩の量が少ないほうから順に、貧栄養、中栄養、富栄養と呼び、それぞれの環境に応じてくらしている生きものの種類は異なります。

　貧栄養の環境では、養分が少ないためにプランクトンや水草など生きものの数自体は少なめです。水はとても澄んでいて、5m以上先まで見通せます。主に山間部で見られる環境です。

　一方、富栄養の環境は、豊富な養分が大量のプランクトンや水生植物を生み出します。それらの死骸も栄養塩として蓄積し、それをどんどん繰り返していきます。水はにごり、透明度は5m以下となります。平地や盆地で多く見られる環境

栄養の多さで減ってしまった

サワトウガラシ

いわゆる水田雑草のひとつだが、貧栄養の環境に生える。除草剤や富栄養化などさまざまな理由で激減してしまった。

ジュンサイ

ぬるぬるとした新芽を食用にする。富栄養化が進み、野生のものは激減。東北地方では人工的に栽培されている。

多少汚れた水でも大丈夫

オランダガラシ

クレソンの名前で野菜として流通。湧水のあるきれいな環境を好むが、多少汚れた水の中でも平気なようで、市街地でもたまに見る。

です。そして、水中に含まれる栄養塩の量がどんどん増えて、富栄養の環境に傾いていくことを「富栄養化」と言います。富栄養化は、自然由来でも起こる現象なのですが、近年は人間活動の影響によって、それとは比にならないほど強力な富栄養の環境がつくりだされています。人間活動に伴って排出される雑排水や、化学肥料に含まれる大量の栄養塩類がその供給源です。

富栄養になればなるほど、プランクトンや水生植物などが増えるため、生きものが増えてよいのでは、と思ってしまいそうです。ところが、この状態で繁殖できるのは、水質汚染にとても強い一部の種類のみ。多くの種類は耐えきれずに死滅してしまい、特定の種類が大量発生するという異常事態に陥ります。赤潮やアオコも、特定のプランクトンが大量発生した結果です。このとき大量発生したプランクトンの死骸は、水底にどんどん蓄積し、それを分解するバクテリアも異常繁殖します。バクテリアの活動で、水中の酸素が大量に消費されるため、魚が酸欠で大量死することもあります。もちろん悪臭の発生源にもなります。植物の中にも、極端な富栄養化に耐えきれず、姿を消してしまうものが少なくありません。実際に貧栄養〜中栄養の環境下でくらしていた植物は、軒並大きなダメージを被っています。

海にも「植物」はいます

海の中に生えているものと言えば、ワカメやコンブ、テングサなどの海藻が挙げられます。体は緑色、赤色、茶色など多彩ですが、いずれもクロロフィルなどの光合成色素を持ち、光合成を行っています。そして自分で動かずに、岸壁や海底に「生えて」います。では海藻は植物なのでしょうか。じつは植物と動物の区別はなかなか一筋縄ではいかず、海藻を含めた「藻類」は、いわばグレーゾーンの存在です。

生物をどう分けるか、古くから生物学者がさまざまな説を提唱しています。二界説（すべての生物を植物界・動物界の2つに分ける）を提唱したリンネと、三界説（植物界・動物界・原生生物界の3つに分ける）を提唱したヘッケルは、藻類を植物に区分しました。現在は、それを発展させた五界説（植物界・菌類・動物界・原生生物界・原核生物界の5つに分ける）が主流となっています。

海藻とは違います

1969年に初めて五界説を唱えたホイタッカーは藻類を植物界に位置付けましたが、1982年、マルグリスは、ホイタッカー説を踏襲しつつも、藻類を植物界から原生生物界へと「異動」しました。このような経緯から、古い書籍は海藻を植物として扱っていますが、新しい書籍は、植物ではなく原生生物として扱っています。研究は現在進行形で続いており、今後また変わる可能性はあります。

ところで、海藻とは別に、海の中で育つ草（植物）が存在します。それが海草です。どちらも「かいそう」と読むため、ちょっと紛らわしいのですが、海草は、れっきとした種子植物。根・茎・葉の区別がはっきりしており、きちんと花を咲かせ、種子繁殖します。なお、海藻と海草を口頭で誤解しないよう、海草をあえて「うみくさ」と読むこともあります。

アマモやスガモなどアマモ科に分類される植物のほか、ウミショウブ、ウミヒルモ、シオニラなどが海草です。カワツルモやイトクズモのように、河口近くの汽水（きすい）域（淡水と海水が混じる場所）に生えるものもあります。

海草の代表！

アマモ

アマモ科

海草の代表とも言える種類。波打ち際を歩くと、たまにちぎれた葉が打ち上がっているのが見つかる。

海水の混じる場所で生活します

カワツルモ

ヒルムシロ科　本州〜沖縄

全国各地の汽水域に生え、水中に沈んだ状態で過ごす。

そっくりなのに別な種類⁉

相当昔の話ですが、近所を散策して植物を観察していた時に、水辺にたくさんのキンガヤツリが生えているのを見つけ、とても興奮したことがありました。キンガヤツリは絶滅危惧種で自生地も限られるということを事前に知っていて、もし見るとなると、ある程度遠出しないとダメだと思っていたためです。ところがこの興奮は、数年後に落胆へと変わります。私の住む地域に発生している個体は、じつは似て非なる外来種のホソミキンガヤツリであることが判明したのです。ホソミキンガヤツリはどうも年々増えているようで、今や少なくとも関東一円ではかなりありふれたものになっています。

ところでこのキンガヤツリとホソミキンガヤツリ、分類上別な種類なのですが、外見はきわめてそっくり。専門家の間ですら長らく混同されていたくらいです。確実な相違点は、穂を分解したときに得られるタネのかたちです。本物のキンガヤツリはタネがややずんぐりしたかたちなのに対し、ホソミキンガヤツリは

そっくり! その①

キンガヤツリとホソミキンガヤツリ

共にカヤツリグサ科

△国内で広域に分布し、たくさん見られるのはホソミキンガヤツリ。ぱっと見はキンガヤツリにそっくり。

▷本当のキンガヤツリ。暖地の海沿いに分布が限られ、そうそうお目にかかれない。

細いのです。それ以外にも小穂の鱗片のつきかたなどに微妙なちがいはあるようですが……。じつはこのキンガヤツリとホソミキンガヤツリのように、別な種類なのに見た目がとてもよく似ているため、長らく混同されていたという植物は案外少なくありません。

ヤエムグラとシラホシムグラ

ヤエムグラは身近な場所にごく普通に生えるつる草で、茎が長く伸びて、幾重にも折り重なるようにして育ちます。関東平野を流れる江戸川にもこのヤエムグラが群生していますが、大きくて立派な株が多く、川沿いの肥沃な土壌で育ったのが原因と考えられていました。

ところが2000年代に入り、江戸川でヤエムグラとされてきたものの中には、ヨーロッパ原産の別種、シラホシムグラが相当数あることが判明しました。昔から多くの人が観察してきたうえに、かなり広域に分布していたのに誰も気づかなかったのです。わたしもこの一報を知ったときはかなりびっくりしたのを今でもはっきりと覚えています。

エゾタンポポとシナノタンポポ

エゾタンポポは、東北地方から北海道にかけての北日本に自生する在来種のタンポポです。ところが一昔前の図鑑を見ると、関東地方や中部地方にも分布があると書かれています。これはどういうことでしょうか。じつは関東北部や長野県、山梨県と中心とするエリアには、外見がそっくりの別なタンポポが生えていて、長らく混同していたことに原因があります。これがシナノタンポポです。

エゾタンポポは、花の直径が4㎝にも達し日本のタンポポの中でも大きな花を咲かせる部類に入ります。また、いわゆるがくの部分（正式には総苞（そうほう）と言います）がぷっくりと下膨れになり、個々の総苞片も幅広なのが特徴です。そしてシナノタンポポもまったく同様の形質を示します。ちがうのは花粉で、エゾタンポ

そっくり！ その②

ヤエムグラとシラホシムグラ 共にアカネ科

シラホシムグラ

花色は淡い黄緑色で、いたるところに普通に見られる。

ヤエムグラにそっくりだが、花が白色で、茎の節の部分に白くて長い毛が密生している。

そっくり！ その③

エゾタンポポとシナノタンポポ 共にキク科

東北・北海道に分布。花が大きく総苞は下膨れになる。

関東北部や長野・山梨などに分布。エゾタンポポとは花粉を見ないと区別が難しい。

ポは大きさや形が不揃いなのに対し、シナノタンポポは大きさ形ともに均一です。

キク科タンポポ属に分類される植物は世界中で数千種類はあるとされ、とても大きなグループなのですが、そのグループ内に、さらに30程度の「節」という小さなグループがあります。属と節はいわば会と部会のような関係です。じつはエゾタンポポはミヤマタンポポ節に属するのに対し、シナノタンポポはモウコタンポポ節に位置づけられています。外見が瓜二つでありながら、シナノタンポポとエゾタンポポは節のレベルからちがう、遺伝的にはそこそこ離れた種類なのです。それでいて、外見がやや異なるカントウタンポポとは「種」としては同一で、カントウタンポポの一亜種として位置づけられているのです。

似ても似つかないのに同じ種類

植物の見た目は、種類ごとにだいたい決まっています。しかし同じ種類であるのにもかかわらず、見た目が随分と変化するものも珍しくありません。これには大きく2つの要因が考えられます。ひとつは、もともと多様な個性が出やすい種類である場合です。図鑑などで「変異が多い」と書かれているような場合がそのケースに該当します。有用植物や園芸植物でこの性質をもつものの場合は、さまざまな個性が出ている株の中から選別、交配を繰り返して、新しい品種を作り出す方法が行われます。

もうひとつの要因は、周囲の環境です。日当たりや風の強さ、土の水分量などのほか、草刈りや水没、急な気温の変化など突発的な事象が影響することもあります。

赤鬼と青鬼？

身近な場所にごく普通に生えるオニタビラコは、よく観察すると生えている環境によって大きく2つのタイプがあることに気づかされます。

ひとつは野原や畑地などのいわゆる「農村環境」に見られるもので、春に太い茎がぴょんと立ち上がり、その茎の先に花をたくさん咲かせるものです。葉は毛深く赤みがかるため**アカオニタビラコ**（赤鬼田平子）とも呼ばれています。

もうひとつは住宅地や道路沿いなどの「人里・都市環境」に見られるもので、細い茎を次から次へと出し、通年花を咲かせ続けるものです。葉は光沢があり青みがかった深緑色をしていることが多いため**アオオニタビラコ**（青鬼田平子）と呼ばれています。

ただ、アカオニタビラコとアオオニタビラコの間には、どっちつかずの姿をしたものも少なくありません。見た目や生活スタイルはずいぶん異なりますが、どちらも「種」としては同じもので、もし区別して呼び分けるのであればお互いを亜種の関係として扱うのが妥当なようです（今後の研究によって変わる可能性はあります）。

全然似てないけど種は同じ

アカオニタビラコとアオオニタビラコ

共にキク科

農村環境に多く、開花はふつう春のみ。

街の環境に多く、通年開花・結実を続ける傾向がある。

＼見た目の変化が激しい草①／

ヒナガヤツリ

◀▼草丈は環境に応じて柔軟に変化する。特に晩秋、稲刈り後の水田に現れたものは、5㎝にも満たない姿で地べたに張りつくようにして穂を出す。

秋に芽生えると……

＼見た目の変化が激しい草②／

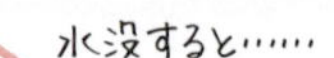

コナギ

▲水田雑草のコナギ。水没すると見慣れた姿から大きく変化する。

見つけたと思ったらいない……神出鬼没な草

森林伐採や山火事、土砂災害、洪水などの突発的な出来事により、その場所の植生がリセットされることがあります。景色は一変、とても痛々しい姿となって、生きものたちは大丈夫かと気をもみますが、心配はご無用です。人間がそこをどうにかしない限り、黙っていても、本来の植生へと戻っていきます。その際、真っ先に出現するのが「先駆（せんく）植物（パイオニア植物）」です。

先駆植物（パイオニア植物）とは？

普段は、タネなどの状態で地中に眠っているため、姿が見えないことが多いのですが、植生がリセットされて土がむき出しになると、いっせいに芽を出します。山を切り崩して土地を造成すると、今まで見かけなかったような多種多様の植物が突然姿を現し、ときに当地からは絶滅したかと思われていたようなものまで復活することがあるのも、同じ理由によります。

元山林の場所に

アリノトウグサ

アリノトウグサ科　全国

△山林だった場所が造成されると、高確率で出現する。

造成地に突然現れる

フデリンドウ

リンドウ科　北海道〜九州

▽リンドウの仲間だが一年草で春咲き。林道わきや造成地などに生えることが多い。

崩落地や伐採地、造成地などで見かける植物として、イタドリ、フデリンドウ、アリノトウグサ、ヤクシソウ、アキノハハコグサなどがありますが、これらは先駆植物としての性質を持っていると言えます。ところが先駆植物を見られる期間は、せいぜい最初の数年程度です。やがて、ススキやヨモギなどの大きな草が育ってきて、土は完全に草で覆われ、草原へと移行します。ちなみに草原も、いつまでも安泰ではありません。放っておくとアカメガシワやヤマハギなどの低木が育ちはじめて、低木林へと移行します。

さらに時間が経つと、背の高い木が増え、最終的には鬱蒼とした山林となり、植生は完全に安定します。このような一

林道わきに

アキノハハコグサ

キク科　本州〜九州

林道わきなどの土がむき出しになっている場所に生えるが、激減している。

道端にもいる

アカメガシワ

トウダイグサ科　本州〜沖縄

パイオニア植物の樹木版。タネでどんどん増えていくため、道端にも多い。

連の植生の移り変わりが「遷移」で、最終的にたどり着く安定した背の高い山林を「極相林」と言います。極相林の樹種は、地域によって異なりますが、日本の場合、暖地ではシラカシやスダジイなどが、寒冷地や山間部ではブナやシラビソ、コメツガなどが主となります。

自然界では、冒頭の突発的な出来事が毎年のようにそこかしこで起きるため、先駆植物が育つ環境、草原、低木林、高木林、極相林などの多様な環境が複雑に入り混じり、全体として生物の多様性が維持されています。

山火事の草

英語でfireweedと称される植物があり

自然豊かな場所にも

ダンドボロギク

キク科 外来種

△外来種とは縁のなさそうな自然豊かな場所にも、突然現れることがある。

どこでも登場！

ベニバナボロギク

キク科 外来種

▽神出鬼没な植物で思いがけない場所で遭遇することが多い。南洋春菊とも呼ばれ、海外では野菜として利用している地域もある。

ます。これは山火事の跡地に、どこからともなく現れて、一気に群生するような植物を総称したものです。**ベニバナボロギク**や**ダンドボロギク**はその代表的な植物です。どちらも外来種なのですが、山間部であまり外来種とは縁のなさそうな場所にも突如出現したりします。ダンドボロギクという日本名は、国内で最初に発見された段戸山からきています。

日本在来種では、高原に生える**ヤナギラン**が同じような性質を持っています。

川の「かく乱」を待つ植物

河川敷は、大雨のたびに増水した川の水をかぶり、表土が水流によって激しくかき混ぜられます。「かく乱」といいま

河川敷のかく乱後に

カンエンガヤツリ

カヤツリグサ科 本州

△典型的な「かく乱依存植物」。河川敷がかく乱されると突如大発生し、数年もしないうちに跡形もなく消えてしまう。

山間部に

ヤナギラン

アカバナ科 北海道～九州

♡山間部に自生し、特に山火事の後は一面の大群落をつくるという。

すが、これも植生をリセットする作用があります。カンエンガヤツリなど河川敷の環境に生える植物の中には、このかく乱に依存しているものが少なくありません。つまり、ヨシやオギなど背の高い草が繁茂している平時は、タネの状態で、土の中で何年も休眠しています。かく乱が起きるとタネは目覚め、いっせいに育って開花・結実し、次の世代にタネを残します。時間が経つと再びヨシなどの大型植物が繁茂してきますが、そうなるとパタッと姿を消してしまいます。残ったタネは、次のかく乱が来るまで何年でも土の中で待ち続けるのです。

他の植物がつくった養分を横取り！

２０１８年５月、２種類の植物を撮影するために、泊まりがけで木曽川や長良川を訪れました。初日の探索開始から数分、あっさり目的の一つヒサウチソウが見つかりました。さらに歩みを進めると、これでもかというほど生えており、あまりの個体数の多さにびっくり。さらに立ち止まって精査すると、草丈５㎝前後のミニチュアな姿で咲いている株も大量にありました。

もうひとつの植物は初日には見つけられなかったため、翌朝、そこから少し離れた場所から探索開始。丸一日使う覚悟でいたのですが、またまた歩きはじめて５分もしないうちに、２種類目のセイヨウヒキヨモギを発見、あっという間に今回の旅行のノルマを達成してしまったのでした。

光合成しつつ、他の植物からも

ところで、これら2種類にはある共通点があります。

半寄生植物①

ヒサウチソウ

ハマウツボ科　外来種

▽地中海沿岸原産で、名前は著名な帰化植物研究家、久内清孝氏を記念したもの。

半寄生植物②

セイヨウヒキヨモギ

ハマウツボ科　外来種

△ヨーロッパ原産で、日本在来のヒキヨモギに雰囲気が似ていて、外来種であるため西洋と頭に冠された。

それは、どちらも植物体は緑色で葉があり、自ら光合成をする一方で、周辺の植物の根に自分の根を食い込ませて養分をくすねる「寄生」を行うという点です。こういう生態を持つ植物を総称して「半寄生植物」といいます。日本にもコシオガマやカナビキソウなどの半寄生植物が身近に見られます。二重体制で成長に必要なエネルギーを確保しているので、さぞかし丈夫なのかと思いきや、何らかの理由で寄生している植物との関係が断ち切られてしまうと途端に衰弱して枯れてしまうという、何とも繊細な側面も持っています。

なお、先述のヒサウチソウやセイヨウヒキヨモギは種子生産力がきわめて高く、タネは砂粒のように細かいのですが、1つの株から莫大な数のタネが作られます。

光合成、やめました

もはや自分で養分を作ることを完全に放棄し、ほかの植物にすべてを依存するようになった植物もあります。これが「寄生植物」で、葉はすっかり退化して、体内に葉緑体を持たないため、「植物らしさ」はなく、まるでキノコのようです。ただ、キノコとは違い、ちゃんと花を咲かせてタネをつくり、それで繁殖します。

万葉の時代に思草（オモイグサ）とも呼ばれたナンバンギセル。ススキの株もとで、ひっそりと目立たないように、うつむき加減に花を咲かせる姿は、古くから歌人の心を惹きつけたことでしょう。栽培技術も確立し、草もの盆栽として今なお根強い人気があります。ナンバンギセルの寄生先はススキが多いのですが、サトウキビやミョウガにも寄生します。ただ、身近なススキ草原は、近年は開発によって多くが失われ、残されている場所も外来植物の繁茂や不法投棄で荒れてしまい、野生のナンバンギセルもすっかり見かけなくなってしまいました。

寄生先が減ってピンチ

ナンバンギセル

ハマウツボ科　全国

江戸時代以降の呼び名で、南蛮渡来の煙管に姿が似ていることから来た名前。

＼ これも半寄生植物 ／

カナビキソウ

草原に生えるが、小さいため見逃しやすい。

コシオガマ

草原に多く茎や葉はさわるとベタベタしている。秋に赤紫色の花を咲かせる。

台頭中の寄生植物

ヤセウツボ

ハマウツボ科　外来種

マメ科やキク科の植物を好むが、種類問わず寄生可能という。

寄生先につるで絡みつく

アメリカネナシカズラ

ヒルガオ科　外来種

発芽したばかりのアメリカネナシカズラ。双葉はなく、まさに薄茶色の「糸」である。

近年増加中の外来種。河原や造成地でよく見かける。種類問わず、周囲にある植物に絡みついて養分を吸い取っていく。

その代わりに増加傾向にある寄生植物が、ヨーロッパ原産のヤセウツボです。1930年代に千葉県で初めて確認されてから、急速に各地で広がり、本州を中心に荒れ地や土手で普通に見られます。発生は、4～6月頃で、国内ではアカツメクサやシロツメクサに寄生(寄生先の体内に根を食い込ませるなどして、体内の養分を直接吸い取っている)しているのをよく見かけます。

根も葉もない植物は実在

何の根拠もないことを「根も葉もない」なんて表現しますが、じつは「根も葉もない植物」は実在します。その名もずばりネナシカズラです。この仲間は、発芽後しばらくは根を持ちますが、つるを伸ばして寄生する相手を探し、うまく絡みつくことに成功すると、根は枯れてなくなります。寄生先の植物の体に「寄生根」を差し込んで、そこから養分を横取りしながら成長していきます。

ネナシカズラ自身は葉緑体を持たず、葉もありません。遠目からは捨てられた糸が草木に絡んでいるように見えます。やがて小さな花を多数咲かせ、タネを残して枯れていきます。

木からの「菌」で生きています

昼間でも薄暗い山道を歩いているとき、時折目にするのが**ギンリョウソウ**です。真っ白いロウでつくられたかのような体で、葉らしい葉も見当たらず、まるでキノコのよう。ユウレイタケの異名も持っています。しかしこれでもれっきとした種子植物なのです。

ギンリョウソウは光合成に必要な葉緑体を持ち合わせていないため、自分で栄養をつくることはできません。かと言って、寄生植物のように他の植物に寄生しているわけでもありません。では、ギンリョウソウはどのようにして養分を得ているのでしょうか。

じつは、山林を構成する樹木の根に取りつく菌類を食べて、そこから養分を得ているのです。もう少し詳しくお話しします。土壌にくらす菌類のうち、「菌根菌」と総称されるものは、植物の根に取りついて、菌根をつくります。ほとんどの植物が何らかの菌根菌をつけており、お互いに共生関係にあります。

樹木、菌と切り離せない

ギンリョウソウ

ツツジ科 全国

かつてはイチヤクソウ科またはシャクジョウソウ科に分類されていたが、DNA解析をもとにした新分類ではツツジ科に統合された。

日本の山林を構成するマツ科、ブナ科、カバノキ科などの樹木も例外ではありません。菌根菌の菌糸は、これらの樹木の根の表面部分（細胞壁より内部には侵入しない）に取りついて「外菌根（がいきんこん）」をつくっています。ギンリョウソウは、この外菌根をつくっている菌と同じ種類の菌を自分の根に取り込んで、「モノトロポイド菌根」と呼ばれるオリジナルの菌根をつくっています。そして菌根をつくる菌を「食べ」て、自分の成長に必要な養分を確保しています。つまり、樹木－菌根菌－ギンリョウソウという「命のネットワーク」ができあがっているのです。

かつては、「腐葉土」の上に生えるようなこういう植物を総称して「腐生（ふせい）植物」と言いました。140ページに登場する腐生ランも同様の類です。ただ、「腐葉土」から直接養分を得ているわけではなく、そこでくらす菌類に頼って、菌類の養分を利用していることから、今は「菌従属栄養植物」と呼ぶようになりました。従属栄養とは、自分で養分をつくりだすのではなく、他の生物がつくりだした養分をそのまま利用して命をつなぐことを言います。わたしたち人間を含めた動物は従属栄養です。ちなみに、光合成をして自分で養分をつくりだす植物は、従属栄養に対して独立栄養と言います。

光合成するけど、能力不足

緑色の葉を持つイチヤクソウは、光合成をして自ら養分をつくっています。ところがどうも能力不足で、必要な養分を自前で全部賄うことができないという、残念な一面があります。この不足分は、菌類の力を借りて補っています。そのため、移植などで菌類との関係が断たれると、途端に衰弱して枯れてしまいます。

このように、自分で光合成を行いつつも、菌類の養分に頼って生きている植物を「混合栄養植物」と言います。緑色の葉をつけるランの仲間も、多くはこの混合栄養植物の性質を持っています。

＼ギンリョウソウの仲間／

アキノギンリョウソウ

ギンリョウソウが初夏に開花するのに対し、本種は秋咲き。

光合成だけでは生きられない

イチヤクソウ

ツツジ科 北海道〜九州

薄暗い林内に点々と生える。葉は常緑で頑丈だが、光合成能力は低いという。

左・オクウスギタンポポ
中・シロバナタンポポ
右・キビシロタンポポ

column

ご当地タンポポ❶

一見するとどれも同じように見えるタンポポですが、その種類はとても多く、日本のタンポポ（総称して在来タンポポ）だけでも20種ほどあります。しかも地域によって見られる種類がちがいます。そのためすべての在来タンポポは地域限定の存在で、いわば「ご当地タンポポ」です。その中でも比較的広域に分布し、各地域を代表するものがあります。

もちろん、そこに行かないと見られないような「超ローカル」なタンポポもあります。区界高原（岩手）のクザカイタンポポ、白馬岳山頂付近（長野）のシロウマタンポポ、伊吹山（岐阜・滋賀）のイブキタンポポなどがその例でしょう。また、白っぽい花を咲かせる種類もあります。広域に分布するシロバナタンポポのほか、オクウスギタンポポ（東北限定）、キビシロタンポポ（岡山周辺限定）などもあります。

Part2

驚くほどクレバーな雑草たち

あえて季節には無頓着

ふだんの生活の中で季節の変化を知らせてくれるもの…植物はその筆頭に挙げられると思います。気象庁も、生物季節観測のひとつとして、植物の開花日（定点観測している場所で、そのシーズンに初めて花が咲いた日）を対象として取り入れています。地域によって観測種目に多少のちがいはありますが、うめ、さくら、あじさい、つばきなどは全国で実施されていて知名度も抜群ですね。草花では、たんぽぽ、すみれ、やまゆり、すすき、ひがんばななどが観測種目でしたが、近年は、気象台周辺の都市化などが影響して、確認できずじまいの年が増加。生物季節観測自体を縮小させる傾向にあって何だか残念です。

四季の変化がはっきりしている日本では、植物はふつうそれに適応して季節に合わせたくらしをしているものです。ところが、人の生活圏に生える雑草の中には、季節に関係なく暇さえあればだらだらと発芽、開花、結実しているものが少なくありません。これは人里ならではのかしこい生き残り戦略のひとつです。

だらだら花を咲かせる雑草

ハナイバナとチチコグサモドキ

花期が3～11月ととても長い。厳冬期を除いていつでも会える花といえる。

熱帯アメリカ原産の一年草。周年開花し、葉のわきに薄茶色の花のかたまりをつける。

だらだらと発芽するのはリスク回避の目的があります。一斉に発芽してしまうと、何かあったときに全滅する恐れがあるのです。わざとタイミングを少しずつずらしながら発芽したり、場合によっては一部を休眠させたりすることで、いわば保険をかけているのです。

また、特定の季節に限定するのではなく、生育に適した環境が続く限り、だらだらと花を咲かせ、タネをつくるのも、少しでも生き残りの可能性を高くするための作戦です。さすがに暑さ寒さの厳しい時期にはその勢いは衰えますが……。

一般に、本来の季節とはちがうタイミングで花が咲いてしまうことを不時（ふじ）現象または返り咲きと呼びますが、春の野花

年中咲いてる!?

イヌタデ

タデ科 全国

秋の花のイメージが強いイヌタデだが、早いものは5月中に穂を出す。また市街地では真冬にも咲いていて、意外と花期が長いと言える。

は、気候がよく似ている秋にも咲きやすい傾向があります。

市街地では通年開花

都市化が進んだ場所では、ヒートアイランド現象によって周辺部よりも気温が高くなる傾向があります。冬も温暖で、朝の冷え込みが弱く、本来であれば寒さで枯れてしまうようなイヌタデなどの植物も、そのまま越冬できてしまうことがあります。

東京に出ると「金の成る木」やゴムノキなど、屋外では到底越冬できるとは思えないような観葉植物が、露地栽培で大きく育っていて驚かされますが、これもヒートアイランド現象によるものです。

1月に咲いていた！

テリミノイヌホオズキとハキダメギク

△1月に結実していたテリミノイヌホオズキ。イヌホオズキ類は、さまざまな種類が海外から侵入しているが、その中で果実に光沢が強い系統のものをテリミノイヌホオズキという。

◁1月の街中に咲くハキダメギク

イヌホオズキやコセンダングサなどは、比較的遅くまで花を見ることができますが、冬将軍の到来とともに、霜で枯れてしまいます。ところが、朝の冷え込みが弱い都市部では越冬してしまうことも珍しくありません。ときに短命な多年草として、数年程度生存することがあり、そうなると茎は太く頑丈になって、まるで樹木かと思うほどです。

ハキダメギクも、1株の寿命こそ短いものの、適度な気温さえ確保できれば通年生育可能という性質があります。そのため市街地や温室などでは、季節に関係なくタネからどんどん発芽して育ち、1年じゅう花を見ることができます。

スミレは秋まで咲いている

野山で可憐に咲くスミレは、古くから人々に親しまれてきました。春の色鮮やかな花は、とても目を惹くため、「春の花」というイメージが強いかもしれませんね。ところがじつはスミレの仲間の多くは、春から秋まで、ずっとだらだらと花を咲かせ続けています。

春の花は、色鮮やかな花びらを持ち、しっかりと開くので目につきますが、それ以外の時期の花は、ずっとつぼみのような状態で、ほとんど目立ちません。そのまま中で自家受粉を済ませ、開かないまま実を結びます。果実が熟してから初めて3つに開き、中のタネを飛ばします（228〜233ページ参照）。この開かない花を閉鎖花（へいさか）と言います。

春と天候が似ている秋には、ノジスミレなど一部の種類が返り咲きをすることがあります。冬でも、陽だまりの暖かい場所ではスミレの仲間が返り咲きをすることがあり、これは俳句の世界では、「寒菫（かんすみれ）」と呼ばれています。

スミレが春とは限らない

スミレ

スミレ科　全国

夏のスミレ。目立つ花が終わった後も、閉鎖花を出し続け、タネをつくる。

秋に咲いたノジスミレ。ノジスミレは秋～冬に返り咲きしやすいスミレのひとつ。

二年草という生きかた

この植物が一年草なのか、多年草なのか……。ガーデニングをたしなむ方にとっては、管理上とても気になる情報です。一年草であれば毎年タネか苗で更新する必要があるし、多年草の場合は、更新の手間こそかからないものの、長期栽培を見据えて植えつける場所を考える必要があるからです。とはいえ実際には多年草でも、暑さや寒さに弱く、管理上は一年草として扱うものも少なくありません。スイートアリッサム、ブルーサルビア、コリウス、プリムラ・マラコイデス、キンギョソウ、トマトなど……。これらはすべて、本来は多年草です。

ところで、図鑑で植物を調べていると、たまに二年草という言葉を目にすることがあります。一年草が発芽してから1年以内に開花・結実、結実後はそのまま株の寿命が尽きてしまうのに対し、二年草は発芽してから開花・結実までに何年かかかるものの、結実後は一年草同様に株の寿命が尽きてしまうものを指します。

株の寿命は必ず2年というわけではなく、種類や環境によってその年数は若干

秋に発芽、翌々年に開花

メハジキ

シソ科　本州〜沖縄

秋に発芽してそのまま越冬。翌年は1年かけてじっくりと株が成長し、翌々年の夏に開花する。

異なります。かつては、秋に発芽してそのまま越冬し、翌年に開花・結実するものに対しても二年草という言葉が使われていましたが、こちらは生育のタイミングから越年するというだけで、株の寿命自体は1年以内ですので、越年草（冬緑一年草）として別に扱うのが適切と思います。

二年草の場合、タネから育てると花が見られるまでに何年かかかり、その年数はふたを開けてみないとわからない部分があるため、ガーデナーにとってはなかなかもどかしいかもしれません。一方の植物にとっては、じっくりと株の体力を蓄えて、しっかりと充実したタネを残せるというメリットがあります。

別名・長命草

ボタンボウフウ

セリ科　本州〜九州

長命草などとも呼ばれ、健康野菜としても栽培される。株は数年かけて成長し、開花・結実後は枯れてしまう。

三年草がある？

日本の植物学の基礎を築いた牧野富太郎博士。幼少期のわたしは、博士の植物図鑑を、背伸びしたような気持ちでたまに眺めていました。小学3〜4年にもなると、少しずつ内容を理解し、一年草など言葉も覚えました。

そんなある日、ボタンボウフウと、カワラボウフウの解説文に、三年草草本なる言葉を発見しました。その時の「何か分からないけれど、すごいものを見つけてしまった感」は、当時のわたしの心をしばらくわくわくさせたものでした。ところでこの三年草という言葉、おそらく二年草よりも寿命が長く、でもやはり開

花が咲くと枯れるもの

アシタバとパセリ

共にセリ科

△モスカールドパセリ。くちゃくちゃした葉が特徴のパセリで、最も良く見かける品種。やはり花が咲くと枯れてしまう。

◁葉をとっても、次の日にはもう新しい葉が出ている…そのくらいたくましい生命力の持ち主であることから、明日葉という名がついた。数年生きるが、花が咲くと枯れてしまう。

花結実とともに枯れてしまうため多年草とも言えない…そういうものを表そうとしたのではと推測されます。現在は、三年草という言葉は使われず、二年草として扱います。

ボタンボウフウは、近年は健康野菜として苗が流通しており、わたしも栽培したことがあります。苗から育てたところ、花が咲かないまま何年か経過したあと、ある年の夏に急に茎が立ちあがって開花しました。開花・結実後は、やはり枯れてしまいました。

セリ科植物にはこういう生態を持っている植物が多く、他にも身近なところではパセリやアシタバなどは、花が咲くと急に弱って枯れてしまう傾向があります。

竹とササは花が咲くと枯れる

昔から、竹やササは数十年に一度しか開花せず、咲くときは一斉に咲き、その後はきれいに枯れてしまう…と言われています。竹やササの類は、寿命が長いため一見すると多年草のように感じますが、じつは開花・結実後に株が枯れてしまうという、一年草や二年草に近い性質を持っているのです。ただ、発芽から開花までの年数が、二年草とは比にならないほど長くて、場合によっては数十年単位を要するため、滅多に花を見ることができないのです。

一年草や二年草、そして竹やササ類のように、「一生のうちに開花・結実は一度だけ」という植物を総称して「一回繁殖型」とも言います。

短命な多年草

多年草はひとつの株の寿命が長く、時期が来ると何度でも開花・結実を行います。数十年単位で生き続けるものもある一方で、開花・結実を何回か繰り返すものの、せいぜい数年程度で枯れてしまうという植物があります。ナデシコの仲間やスミレの仲間などは後者で、これを短命な多年草と言います。

花が咲くと枯れる

メダケ

イネ科　本州〜九州

メダケの果実

俗に篠竹と呼ばれるササの一種。ある年、果実を見つけたので、約1か月後に再び同じ場所を訪れてみると、きれいに枯れあがっていた。

番外編

株もとから復活することも

タチアオイ

アオイ科　外来種

花後に枯れる越年草として経過することが多いが、株もとから再び芽吹いて育ち、翌年また咲くことも。

一年草と多年草を使い分ける

植物を育てようと思ったとき、購入時にポット苗とタネの選択肢があった場合、皆さんならどちらを選ぶでしょうか。すでにある程度枝葉が伸びてきている苗は、植えつけた後の手間がそれほどかからないというメリットがあります。しかし購入後の苗はすぐに植えて、水をあげなければ日を追うごとに衰弱してしまいます。

一方のタネはどうでしょうか。タネを蒔いて発芽させ、そこから苗の状態に持っていくまでにそれなりの手間はかかります。しかしタネの状態であれば、月単位での保存が可能。もちろん水をあげる必要もありません。

枯れるか、生き続けるか

タネは生きていますが、暑さや寒さ、乾燥などに耐える力は、枝葉を伸ばしているときと比べものにならないほど強く、そう簡単には死滅しません。そのた

湖沼では多年草だけど……

ヒメシロアサザ

ミツガシワ科　本州〜沖縄

写真は水田に育ったもの。一年草としての生活を送っているようだ。

め、多年草としてずっと生き続けるよりも、早々にタネを残して枯れてしまったほうが「種の生き残り」という観点からは得策となる場合もあります。これを「同じ種類」でありながら、環境に応じてうまく使い分けているものがあり、水生植物にその傾向が多く見られます。じつはこれが種の分化のきっかけとなることもあります。初めのうちは「同じ種類」だったものが、それぞれの環境に適応しながら世代交代を繰り返していくうちに、遺伝子レベルでのちがいがどんどん大きくなり、最終的には「2つの別な種類」になるという具合です。

根を張る場所の環境に応じて

ヒメシロアサザは、まるでスイレンのように水面に葉を浮かべ、小さな白い花を咲かせます。湖沼など水量が比較的安定している場所では、多年草として根茎で越冬します。一方で水田のように、冬期に土が乾燥してしまう場所では、秋までにタネをつくって枯れてしまう、一年草としての生活を送ります。これと同じように、「湖沼では多年草、水田では一年草」という水生植物は案外多いものです。

オオバタネツケバナは多年草とされていますが、夏の暑さが厳しい場所では、秋に発芽して翌春開花、タネを残して夏までに枯れてしまう越年草としての生活を送る傾向にあります。オランダガラシも同様の傾向が見られます。

ナガエコミカンソウはインド洋の島々に生える樹木で、国内では関東以西の市街地の道ばたに侵入し繁茂しています。本来は「木」（多年草とは少し性質が異なります）ですが、日本では「一年草」として生活しています。熱帯性のもので寒さに弱い樹種ですが、毎年タネから発生する一年草としての生活に切り替えることで、冬の寒さを攻略し、日本で定着するのに成功しています。

暑さが厳しいと枯れる

オオバタネツケバナ

アブラナ科　北海道〜九州

渓流や水の滴る岩場など、山地の涼しい環境に多い。愛媛県では湧水の流れる水路で栽培したものを「テイレギ」と呼んで食用にしている。

生き残るため一年草に

ナガエコミカンソウ

ミカンソウ科　外来種

日本では一年草として毎年タネから発生するが、ヒートアイランド現象の進んだ大都市では、冬でも暖かいため、本来の低木としての姿で育っていることも。

アリに天敵を追い払ってもらう

小さくて働きもののアリは、いたるところに見られる身近な昆虫で、「ありんこ」の愛称で子どもたちにも大人気です。その一方で、咬んだり、毒針で刺してきたりと、凶暴な一面も持ち合わせており、多くの昆虫に避けられています。そんな優秀な防御・攻撃力を植物が見逃すわけがありません。天敵を追い払うための警備員として「雇っている」植物は意外と多いものです。もちろん、ちゃんと「報酬」も用意しています。それはアリの好物である蜜です。

アリの警備員を雇っている植物は、花以外の場所のいたるところに蜜腺をつくって蜜を分泌しています。これを「花外蜜腺（かがいみっせん）」といい、アリは蜜腺を探し求めて植物を這いまわります。結果としてイモムシなどの天敵が追い払われるという作戦なのです。

ところがどうも、この作戦はアブラムシにはあまり効果がなさそうです。アブラムシは大量に群れて茎や葉の汁を吸ってくるため、植物にとって、とても厄介

アリの効果なし……

カラスノエンドウ

マメ科　本州〜沖縄

△托葉の黒い点が花外蜜腺。

◁春に赤紫色の花を咲かせる。

な天敵。本当はアブラムシも追っ払ってもらいたいところです。ところがアブラムシは、ちゃっかりアリを味方につけています。アブラムシから分泌される「甘露（かんろ）」という液体は、アリの大好物。そのためアリはアブラムシを守るのです。つまり、攻撃して追っ払うことはせず、そのまま、持ちつ持たれつで仲良し…という感じでしょうか。場合によっては、アブラムシを守るため、アブラムシの天敵（テントウムシなど）に攻撃を仕掛けることもあります。例えば**カラスノエンドウ**は托葉（たくよう）やがくなどに花外蜜腺を持ち、アリを雇っています。しかしその効果もむなしく、茎にはアブラムシがびっしりとくっついています。

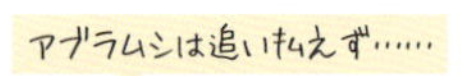

アリの警備もアブラムシには通用しない？

熱帯のアリ植物

熱帯地方に自生する植物の中には、もっとすごい方法でアリを「雇っている」ものがいます。なんと、用心棒の見返りに、アリ専用の「土地」を提供し、住居を保証しているのです。

例えば、アリアカシアという植物は、枝に鋭い刺を持っていて、その内部は空洞になっています。ていねいに、アリ専用の出入り口となる穴も開いています。

この空間を利用してアリが巣をつくるのです。巣の中で出たゴミ（食べ残しや排泄物など）は、植物が養分として吸収し片づけます。このような植物を「アリ植物」と言います。

蜜を盗むやつは許さん！

ムシトリナデシコは、南ヨーロッパ原産の一年草で、別名コマチソウとも呼ばれています。日本には江戸時代末期に渡来し、目にも鮮やかなショッキングピンクの花を次々と咲かせることから、観賞用に広く栽培されてきました。ただタネからの繁殖力が強いため、各地で野生化しています。さて、このムシトリナデシコ。名前に虫捕りと入っているのが気になりますね。英語名はgarden catchflyで、catchflyは、ハエ（fly）を捕まえる（catch）という意味があります。じつは、茎をよく見ると、部分的に黒っぽくなっているところがあり、そこをさわると粘液でベタベタとしています。そして小バエ類やハムシ類、アブラムシ類などの小さな虫たちが、よく引っかかっています。しかし捕まった虫から養分を得ているというわけでもなく、食虫植物ではありません。では何のために茎に虫が引っかかるようなトラップが仕掛けられているのでしょうか。一説には、受粉に協力もせず、蜜をタダ飲みする虫から、花を守っていると言われています。

花を守る茎①

ムシトリナデシコ

ナデシコ科　外来種

△野生化したムシトリナデシコ。花はとても鮮やか。

◁古くから観賞用に栽培される一方、各地で野生化している。茎の茶色く変色した部分で粘液を出す。

一般に、花を訪れた虫は、花の正面から体を突っ込んだり、ストローを挿したりして蜜をいただいています。このとき、体やストローについた花粉が、虫の移動とともに別な花へと運ばれて受粉が成立します。ところが中には、横から花の根もとに直接穴をあけて蜜だけをかすめ取っていくような虫もいます。この行動は蜜を盗むと書いて「盗蜜（とうみつ）」と呼びますが、花にしてみれば、受粉できないまま蜜だけ持っていかれるのでたまったものではありません。もっとも、花の構造が虫の体に合わないため、やむを得ず…という理由があるため、一概に盗蜜をする虫、イコール害悪とは言いきれません。盗蜜する虫も、自分の体に合う花で

花を守る茎②

ムシトリマンテマ

ナデシコ科　外来種

△南アメリカ原産で、荒れ地に生える。夜間に白い小さな花を開く。

◁茎の粘液を出す部分は、茶色っぽく変色している。

はちゃんと受粉に貢献しているからです。

食虫植物でもないのに茎に粘液のトラップが仕掛けられている草は、ムシトリマンテマやカスミソウなどの、ナデシコ科に多く見られる傾向があります。本当に盗蜜対策を目的としたものなのか、真意のほどは分かりませんが、かなり興味深い生態だと思います。

＼これが盗蜜の現場／

△盗蜜中のクマバチ。外側から花の根元に直接口を差し込んで、蜜をかすめ取る。体が雄しべや雌しべに触れないので、受粉の助けにはならない。

すき間にみっちり根を張っています

簡単に抜けない①

ハマツメクサ

ナデシコ科　全国

海岸に自生していたが乾燥に強く、内陸部や市街地にも進出。アスファルトのすき間やタイルの目地を埋めるように生える。

道ばたに生える雑草、その生命力とたくましさは、歌詞にも詠まれるほどです。道路のひびやタイルの目地といった、ほんのわずかなすき間から顔を出し、道行く人々に踏まれ、車の風圧や排ガスにさらされ、挙句の果てには乾燥や照り返しなどなど…。もし植物に足があったら、そこから逃げ出したくなるような環境と言えるでしょう。そんな「お墨付きの強さ」を持った雑草たちですが、やはり最大の脅威となるのは草むしりでしょう。根ごと引き抜かれてしまうと完

簡単に抜けない②

チドメグサ

ウコギ科　本州〜沖縄

この状態で花や果実もしっかりとつくっている。しかも茎の節々から根を下ろすため、むしってもちぎれて根で生き残る。

全におしまいです。しかし雑草たちも手強いものです。普段から過酷な状況下に置かれているためか、草丈が通常よりもはるかに低く抑えられ、中にはすき間にぴっちりとはまりこんで完全に草むしりの手を免れているものもあります。また、こういうところに生える草の根は、むしろアスファルトによって保護されて、簡単には抜けません。むしっても株もとでちぎれてしまうのです。根はそのまま残るため、やがて復活し、何事もなかったかのように花を咲かせます。

意図してこうなったわけではないと思いますが、逆境にさらされた植物の、強さやかしこさを垣間見る瞬間と言えるでしょう。

簡単に抜けない③

トキワハゼ

サギゴケ科 全国

市街地のすき間の常連さん。ぴちっとはまるように咲くため、やはり根ごと抜くのは難しい。

これもすきまに
ぴったり!

外来タンポポ種群

アスファルトのすき間から咲く外来タンポポ種群。もともと根が深いこともあり、こういう場所に生えると完全に引き抜くのはほぼ不可能。

カムフラージュで身を守る

昆虫の中には、草木に色や姿を似せて、周りの景色にうまく溶け込んでしまうものがいます。これは外敵に見つからないよう、うまく身を隠すための手段の一つで、隠蔽的擬態(いんぺいてきぎたい)と呼ばれています。

最近は、テレビなどでも昆虫の擬態技が取り上げられる機会が増え、その見事なまでの変装っぷりに、われわれ人間は、ただただ驚かされるばかりです。見た目のインパクトが強烈な海外の昆虫ばかりが話題になりますが、日本の昆虫も負けてはいません。ナナフシモドキやキノカワガ、ムラサキシャチホコなど、思わず「お見事！」と声に出るような擬態の芸当を見せてくれます。

じつは植物の中にも、これと似たようなことをやってのけるものがいます。それがタイヌビエをはじめとするイヌビエ類です。イヌビエ類は水田の環境が大好きで、草丈は優に1ｍを超える大型の草です。収穫間近で黄金色に染まった水田地帯で、いたるところからひょっこり顔を出しているのをよく見かけます。それだけ大きくて目立つのに、なぜ草取りの手を免れて堂々と穂を出すことができるのでしょうか。これはイヌビエ類が冒頭の昆虫と同じような戦略をとっているからです。

じつはイヌビエ類の苗は、見た目がイネのそれにそっくり。しかも夏の間は、草丈がイネと同じくらいで、変に抜きんでることもありません。この状態で紛れ込んでいるイヌビエ類の存在を見破るのは、専門家でも至難の業と言えるでしょう。かくいうわたしも穂が出る前の段階で、イヌビエ類を見破ったことはありません。そして、イネがこうべを垂れる頃にイヌビエ類は一気に頭角を現します。あれよあれよというううちにイネの間から抜きんでて穂を出し、短期間でタネをつくります。気づいたときにはもう既にタネを散布済み…ということになります。

これではイヌビエだらけになりそうですね。でも少なくとも耕作中の水田内では、数はある程度抑えられているようです（理由は不明ですが、イネとの生存競争、土を耕すなどの手入れなどが関係しているかもしれません）。休耕田になるとものすごく繁茂します。

誰も途中まで気づかない！

イヌビエ

イネ科　全国

＼稲に見事に紛れてます！／

収穫間近の田んぼで、イヌビエ類が一気に姿を現した。

＼こうなると、違いが明らか／

イヌビエ類は、個体変異が多く、いくつかの品種や変種が知られている。写真は穂が茶色っぽい系統。

タネを運んでもらうかわりに……

秋の野山を鮮やかに彩るきれいな木の実や草の実たち。中にはがくや果皮、タネなどの色を組み合わせて、ツートンカラーでより際立たせているものも。ではなぜ、こんなにも色鮮やかで目立つのでしょうか。じつはこれも植物の作戦のひとつ。鳥に食べてもらうために、あえて目立つ色彩で存在をアピールしているのです。もちろん、タダで食べさせるわけではありません。「運送費」として食糧を提供する代わりに、中のタネを遠くに運んでもらおうというのです。

果実を食べ終えた鳥は、あちこち飛びまわり、やがてフンをします。中のタネは消化されないようにできているため、そのままフンとともに地面へと落下します。結果として、あちこちにタネが運ばれていくのです。

また、この手の果実は、果肉の水分で発芽してしまわないような仕掛けがあります。リンゴやスイカなどのタネは、さわると「ぬるぬる」していますね。このぬるぬるで、発芽を抑制しているのです。鳥に食べられ、お腹の中を通り抜ける

食べられません

ヒヨドリジョウゴ

ナス科 全国

赤くておいしそうな果実をつけるが、人間には有毒。

と、ぬるぬるもなくなるため、発芽しやすくなります。このように動物に食べてもらってタネをあちこちへ運ぶ方法を「被食散布（ひしょくさんぷ）」と言います。この方法は高いところに結実する樹木が多く採用していますが、草の中にも、同様の方法をとっているものが見られます。
　ちなみに、鳥が食べているからと言ってわたしたち人間にも食べられるとは限りません。**ヒヨドリジョウゴ**などのように、人間にとって有毒なものもあるので、分からないものは口に入れないようにしましょう。

目立つような果実の色

マメ科のつる草の中には、果実が熟す

オオバタンキリマメとノサザゲ

共にマメ科

△果実。やはり果実が弾けてもタネは果皮にくっついたまま。青紫色系でとても美しい。

◁果実。成熟すると弾けるが、中のタネは果皮にくっついたまま。果皮の赤とタネの黒の色の対比で鳥にアピールしている。

と割れて、その縁にタネがくっついた状態となり、果皮とタネのコントラストが美しいものがあります。そのうち果皮の赤とタネの黒のツートンカラーが美しいオオバタンキリマメやタンキリマメは被食散布も行われているようです。一方、ノササゲは鮮やかな青紫色ですが、どういうわけか被食散布ではなく、重力による落下が主体のようです。

アリに運んでもらう

カタバミ、スミレ、ムラサキケマン、カタクリ、スズメノヤリ、ホトケノザ、クサノオウ……。

これらの植物にはある共通する特徴があります。それはタネにエライオソーム

鳥がフンとして落とす

ナガバジャノヒゲ

キジカクシ科　北海道～九州

果実が成熟する途中で、果皮と果肉は自然に脱落してしまう。むき出しとなった「種子」の皮が青く色づく。鳥が食べてフンとして落とすため、あちこちから自然に芽生えてくる。

と呼ばれる白い物体がくっついているということです。エライオソームには種沈（しゅちん）と言う日本名もありますが現在は使われていません。

　このエライオソームは、アリの大好物。見つけたアリは、大喜びで巣へと運びます。しかしタネそのものには興味はありません。エライオソームのみを食べた後、タネ本体はゴミとして巣の外にポイします。結果として、植物のタネはアリに運ばれてあちこちへ拡散することができるのです。

　つまり、エライオソームは、タネの「運送費」としての役目を果たします。植物にとって、タネをつくるだけでも一大事なのに、さらに養分たっぷりのエライオソームまで用意するとなると、余計に体力を使うはずです。しかしタネを拡散させる効果は抜群。そのため、分類群の垣根を越えて多くの種類が採用しています。このようにしてアリの力を借り、タネをあちこちに運ぶ方法を「アリ散布」と呼びます。

アリの好物
ご用意してます!

クサノオウ

茎をちぎるとオレンジ色の汁が出てきてこれは有毒。タネに付属している白い部分がエライオソーム。

スズメノヤリ

春に小さな茶色い毛槍のような穂を出す。タネに付属している白い部分がエライオソーム。

自作の化学物質で競合相手を弱らせる

植物は、多種多様な化学物質をつくりだしています。この化学物質が、周辺の他の植物にも影響を及ぼすことがあり、これをアレロパシーまたは他感（たかん）作用と言います。最初にアレロパシーという言葉が提唱されたのは1937年のこと。モーリッシュによって「植物（微生物を含む）がつくりだす化学物質が、他の植物に何らかの作用を及ぼす現象」として定義されました。以降、研究の進展に応じて、時代とともにその定義は微妙に変化してきていて、現在は植物や微生物に限らず、動物も含めた広い意味で扱われています。

植物のアレロパシーとして最も有名なのは、セイタカアワダチソウによるものでしょうか。本書でも176〜178ページでその概要を紹介しますが、根から出す物質によって周囲の植物を弱らせながら自分の場所を確保するというものです。同じ作用を持つ植物はセイタカアワダチソウ以外にもたくさんあると考えられています。ただ、それを証明するのは容易ではなく、現時点では、多くが「可

トウモロコシを抑える

アキノエノコログサ

イネ科　北海道〜九州

道ばたにごく普通に生えている。エノコログサによく似ているが、全体に大型で穂は垂れる。トウモロコシの根の成長を著しく抑えるという。

能性が高い」にとどまっています。

アキノエノコログサやキンエノコロ、シバムギなどはトウモロコシ畑に生えると、トウモロコシの収量が大幅に減少することが知られています。また、オキナグサやセンニンソウは、周囲の植物の成長を妨げるほかに、フザリウム・オキシスポラムというカビの発生を強く抑える作用があります。これらはアレロパシー作用の例と言えます。

なお、植物のアレロパシーと言うと、他の植物の成長を抑える作用がクローズアップされていますが、反対に成長を促進する作用を持つものなど、その作用の結果はさまざまです。例えばムギナデシコは、単子葉植物（イネやムギなど）に

カビを抑える

センニンソウ

キンポウゲ科　全国

プロトアネモニンという成分が、他の植物やカビの生育を抑えるという。この成分は刺激が強く、肌や粘膜に触れると炎症を起こす。

対しては、成長を促す作用があります。また、特定の種類にはよく効くものの、他の種類にはまったく効果がないという具合に、すべての植物に対して同じように作用するわけではありません。

雑草にとても強い作物

ムギやソバ、ダイズ、アワ、キビなどは、雑草にとても強く、育てやすい作物（制圧作物と言います）として知られています。これらは、他の植物との生育場所をめぐる競争（競合）に強いということもありますが、一部はアレロパシー作用を利用している可能性があると考えられています。例えばオオムギが放出する成分のグラミンは、ハコベ類の成長を強く抑えてしまうことが知られています。ただ同じ畑雑草のナズナにはグラミンの効果はあまりないようです。

ソバも雑草の成長を抑える力が強い作物で、ルチンやカテキンなどの成分がアレロパシー物質として作用していると考えられています。ソバがアレロパシー作用を持つことは、日本でも古くから経験的に知られていたようで、江戸時代の農業本にもその言及がなされています。

サルビア現象

パープルセージ（Salvia leucophylla）というサルビアは、カリフォルニアの乾燥した草原に自生する灌木(かんぼく)です。原生地では、このパープルセージを取り囲むようにして、幅1〜2mほどのまったく草が生えないエリアが出現することが知られており、「サルビア現象」と呼ばれています。その原因として考えられているのが、パープルセージの葉から放出されるテルペンという物質です。テルペンもアレロパシー物質のひとつで、他の植物の生育を抑える作用があると言われており、サルビア現象もこれが関係しているというのです。

地中海からやってきた

ムギナデシコ

ナデシコ科　外来種

アグロステンマの名前で観賞用にも広く栽培されている。地中海沿岸の原産で、原産地では畑の雑草となっている。

自作化学物質＝グラミン

オオムギ

イネ科　外来種

もっとも古くから栽培されてきた穀物のひとつ。グラミンという成分が特にハコベ類に対して強いアレロパシー作用を示す。

根に菌を飼って栄養にしています

植物の成長に欠かせない成分で、不足しがちな窒素、リン酸、カリは、肥料の三要素とも呼ばれています。窒素はタンパク質を構成する主要な成分で、茎や葉など体を大きくする働きがあります。これが不足すると生育不良となり、最悪の場合枯れてしまいます。リン酸は花や果実をつくり、カリは丈夫な根をつくります。それ以外にも、植物が健康を維持するのに欠かせないさまざまなはたらきをするため、これらの成分が不足すると文字通りの死活問題につながります。

わたしたちの周りを埋める空気、その78％は窒素です。これをこのまま利用できればとても効率良いのですが、そううまくいかないのが自然界です。空気中の窒素をそのまま取り入れて、利用できる生物は、一部の細菌類やラン藻類に限られています。これらの生物は、空気中から取りこんだ窒素をアンモニウムイオン（NH_4^+）に変換する「窒素固定」を行い、そこからアミノ酸やタンパク質を合成しています。

ここで菌を飼っています

シロツメクサ

シロツメクサの根を抜いてみた。根についている丸い粒のようなものが根粒。

マメ科植物は、根に「根粒菌（こんりゅうきん）」と呼ばれる細菌類を「飼って」いて、根粒菌のいる部分は、丸い粒状に膨らむ「根粒」となっています。根粒の中にいる根粒菌は、窒素固定を行い、空気中の窒素を植物が利用できるかたちに変換して提供しています。もし中の菌が死んだとしても、それも大切な養分となります。つまりマメ科植物にとって、根粒菌はとても大切なパートナーなのです。

昔ゲンゲ、今ベッチ

この性質をうまく利用したのが「緑肥（りょくひ）」です。休耕期の田畑にタネをまいて育てておき、いざ作付を開始する時に、そのまま耕して土の中にすきこんでしまうのです。そうすることで天然の肥料になります。かつての田園地帯では、一面に咲くゲンゲの花（いわゆる、レンゲのことです）が春の風物詩となっていましたが、これも緑肥を目的としたものです。ゲンゲ畑はすっかり見なくなりましたが、最近は観光資源や農業体験などの付加価値を目的として、あえてゲンゲを作っているところも増えてきているようです。

また近年は、畑地の緑肥用として、ベッチ（ヘアリーベッチ、ウインターベッチなど）が普及しつつあります。これはナヨクサフジやその改良品種で、秋にタネを蒔くと、冬のあいだ畑を覆うように葉を茂らせます。冬期の雑草抑制や、土ぼこり防止などの効果も期待されているようです。ただし繁殖力が強く、河川敷などで旺盛に繁茂しているため、野生化させないように配慮しながら活用していきたいところです。

畑の栄養をよくするために使われる花

昔

ゲンゲ

マメ科　外来種

レンゲソウの名前でもおなじみの中国原産の越年草。かつては緑肥にするために水田によくつくられた。

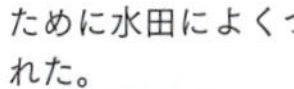

今

ヘアリーベッチ

マメ科　外来種

ナヨクサフジ（ヘアリーベッチ）の栽培品種‘フォギーパープル’。近年、畑地の緑肥として栽培されるようになった。

カントウタンポポ

トウカイタンポポ

カンサイタンポポ

セイタカタンポポ

ご当地タンポポ❷

ここでは、それぞれの地域に代表されるタンポポを見ていきたいと思います。地域に関しては、厳密にきっちりと分かれているわけではなく、分布が重なるため、複数の種類が見られる地域もあります。

【地域代表のタンポポ】

- 北日本…エゾタンポポ
- 関東周辺…カントウタンポポ
- 甲信越～北陸…シナノタンポポ
- 東海～紀伊半島…トウカイタンポポ
- 琵琶湖周辺…セイタカタンポポ
- 関西周辺…カンサイタンポポ
- 中国・四国地方（山間部）
  …ヤマザトタンポポ、クシバタンポポ

Part3

トホホな雑草たち

可愛いのに、ひどい名前

植物の名前（日本語名）は、理科的にはカタカナで書く決まりとなっているため、字面だけを見ていると、長ったらしいものは単なる呪文のように見えてしまいます。カタカナ表記だと分かりにくいかもしれませんが、これらの名前の多くにはきちんと由来があり、それを知ることでより覚えやすくなり、植物にも親しみが出てきます。ただ中には、気の毒な名前がついてしまったものもあります。

「どうしてこれを思いついた？」な名前

春の野辺をさわやかな水色で彩るオオイヌノフグリ。漢字で書くと「大犬の陰嚢」、そう、オス犬のシンボルです。ユーラシア大陸原産の外来種で、日本に渡来したのは明治中頃以降の話です。

それ以前から国内には近縁の在来種があり、その果実のかたちからイヌノフグリという名前がつけられました。同様に果実のかたちからヒョウタングサの名前

可憐な花なのに……

オオイヌノフグリ

オオバコ科 外来種

気の毒な名前の筆頭に挙げられるオオイヌノフグリ。果実は先が少しとがるため、どちらかと言えばハート形に近い。

継子いじめに見立てて

ママコノシリヌグイ

タデ科 全国

茎には下向きの刺がたくさん生えていて、うかつに触ると確かに痛い。とはいえ、こんな名前を思いつくのは簡単ではないような気がする。

もあったようですが、こちらは普及しないまま死語になったようです。つまり、イヌノフグリが最初にあって、同じ仲間でそれよりも大きいことからオオイヌノフグリということですが、オオイヌノフグリにしてみれば、とんだトバッチリだったかもしれませんね。

もうひとつ、**ママコノシリヌグイ**があります。茎を四方八方に伸ばしながら、覆いかぶさるようにして育つ一年草で、夏から秋にかけて、ピンクの可愛い花が金平糖のように固まって咲きます。茎にはずり落ちを防ぐための下向きの刺がびっしりと生えています。これを見た昔の人が何を思ったか、継子いじめの一環として、刺だらけの茎で尻を拭うだろう…

と想像したらしく、それがそのままママコノシリヌグイ（継子の尻拭い）なるとんでもない名前として定着しました。ソバに似て、茎の刺が目立つことからトゲソバの別名もあり、白い花を咲かせる品種に対しては別名をもとにシロバナトゲソバの名が当てられています。

さらに、同じ仲間でウナギツカミ（鰻掴み）というタデ科の一年草がありま す。

ママコノシリヌグイ同様、茎の刺からの連想による命名ですが、こちらは「この茎を手に巻きつければ、ぬるぬるのウナギもつかめるだろう」という比較的無難（？）なものです。本当につかめるかどうかは置いておいて……ですが。

匂いのせいで残念な名前に…

見た目の姿とともに人々の記憶に強く残るのが「匂い」です。そのこともあってか、匂いが名前の由来となっている植物も少なくありません。臭い木、だからクサギ（臭木）というのはまだ良いほうで、中にはとんでもない名前がつけられてしまったものもあります。その代表としてよく取りざたされるのがヘクソカズラでしょう。屁糞蔓（蔓はつる草のこと）と、屁と糞、どちらか一つでも十分す

うなぎはつかめるかな？

アキノウナギツカミ

タデ科　北海道〜九州

アキノウナギツカミもずり落ち防止の下向きの刺がびっしり生えている。ただ、鋭いものではなく、さわってもザラザラする程度。

漢字にするとなおひどい

ヘクソカズラ

アカネ科　全国

葉の匂いから屁糞蔓、花の可愛さから早乙女蔓。相反する二つの名前を持つ。

ぎるくらい気の毒なのに、わざわざ2つも重ねた名前になっています。確かに葉を揉んで嗅ぐと、思わず「うっ」と顔をしかめてしまうような悪臭があります。観察会で名前を伏せて嗅がせると、99%の人が否定的な感想を述べます。先述のクサギは、臭いと言う人もいますが、「ゴマやピーナッツのような香り」と肯定的な感想を言う人のほうが多いように感じます。そんなヘクソカズラですが、花が白い釣鐘のようで、真ん中に赤く丸い斑紋があります。この可愛さからサオトメカズラ、赤い斑紋をお灸の痕に見立ててヤイトバナ（ヤイトはお灸のこと）などの別名があります。

さらに、クソニンジンなる名前がつけられた植物もあります。ニンジンとありますが、太くて長い根がニンジンのようであるというだけで、野菜のニンジンとはまったく別な種類、分類上はヨモギと同じ仲間です。この仲間の多くは、茎や葉に漢方薬のような独特な芳香があり、クソニンジンも葉を揉むと似たような匂いがします。試しにヨモギの仲間を数種類嗅ぎ比べてみましたが、これだけ突出して臭いというわけでもなく、わたしはむしろ「いい香り」と感じました。ただ、匂いの感覚や好みは千差万別ですので、名前のとおり、悪臭と感じる人もいるかもしれませんね。

にんじんとは無関係

クソニンジン

キク科 外来種

名前は糞だが、少なくとも私が嗅いだ範囲では、取り立てて悪臭という感じではない。

＼これもまたヘンな名前／

ハビコリハコベ

グロッソなどの名前で水草として栽培されている。愛知県内のため池に野生化し旺盛に繁茂していることが気づかれ、ハビコリハコベという和名が与えられた。春の七草のハコベとは別種で、ハエドクソウ科に分類される。ハコベ自体が「はびこる」が変化したものとする説もあるくらいなのに、さらにハビコリと重ねており、その植物の猛烈な繁殖力がこれでもかと言うほど強調されている。栽培している方は野生化させないように十分に注意をしよう。

稲作に適応しすぎて絶滅……

稲作の作業内容は、季節ごとにだいたい決まっていて、昔からずっとそれが繰り返されてきました。この作業に伴い、水田や水路、ため池などの農業設備も季節に応じた規則正しい水位の変動が繰り返されてきました。水田周辺に生育する植物の中には、このサイクルに適応しているものも少なくありません。しかしこれは人工的に繰り返されている水位変動で、人間の手にゆだねられたもの。農業設備の管理方法の変更などの理由で、長年続いたサイクルが突如変えられてしまうことがあります。コシガヤホシクサは、それが原因で一度絶滅に追いやられてしまった植物です。

人間の水加減ひとつで……

コシガヤホシクサはホシクサ科の一年草。その名前は、1938年に埼玉県越谷市の元荒川で発見されたことにちなみます。春に発芽した後、水田に水をひく

田んぼと共に生きてます

コシガヤホシクサ

ホシクサ科　本州(野生絶滅)

現在、砂沼（茨城県）への野生復帰を目指して栽培が行われている。ちなみに、コシガヤホシクサは筑波実験植物園（国立科学博物館の関連施設）に行けば、だれでも観察することができる。

ために満水状態となった水路やため池で、深い水の底に沈んだまま成長していきます。秋、稲刈りとともに水田の水は落とされ、水路やため池の水位も大きく低下します。水底に沈んでいたコシガヤホシクサも水面から顔を出し、水の上で開花・結実して次の世代に命をつなぎます。ところが、水の管理方法が変更され、稲刈りの後も水路やため池の水を落とさなくなりました。その結果コシガヤホシクサは、水に沈んで開花・結実できないまま、寿命を迎えてしまうという事態となったのです。一年草なので、種子を残さないと、次の世代に命をつなぐことができません。こうしてコシガヤホシクサはいったん絶滅してしまいました。

幸いなことに、保管されていたタネから復活し、現在は栽培管理の下で生きながらえています。この状態を野生絶滅（EW）と呼びますが、現在はこれをかつての自生地のひとつに復帰させせようとする取り組みが行われています。

日本発の外来種が猛威を振るう

近年よくクローズアップされるようになった外来種問題。人間活動とともに海外からやってきたさまざまな生きものたちが、国内で野生化・定着して、生態系や農林水産業、わたしたちの生活に大きな影響を及ぼしているという環境問題の1つです。

じつは日本からもさまざまな種類の生きものが海外へと渡っており、種類によっては「日本原産の外来種」として猛威を振るっています。国際自然保護連合（IUCN）は、世界的に外来生物として問題になっているもののうち、特に影響が甚大な100種をピックアップしたものを、「世界の侵略的外来種ワースト100」として公表しています。この中には日本原産の生きものもあり、植物ではイタドリ、エゾミソハギ、クズ、ダンチク、チガヤ、ハギクソウが選定されています。

シーボルトがもたらした「負の遺産」？

ドイツ生まれのシーボルトは、19世紀に何度か日本を訪れ、動植物などの調査を行いました。その時にヨーロッパへと持ち帰った植物の中にイタドリがあります。イタドリは山野のいたるところに生える多年草で、夏から秋にかけて、小さな白い花をびっしりと咲かせます。また茎や葉にはシュウ酸が含まれるためさわやかな酸味があり、山菜としても利用されます。

ヨーロッパに持ち込まれたイタドリは、初めは園芸植物として人気がありました。ところが、ほどなくして持ち前の強靭な繁殖力を発揮、手に負えない勢いで増えはじめました。しかもアスファルトやコンクリートを簡単に突き破ってしまうため、建造物を破壊してしまいます。現在では、それぞれ国を挙げていかに駆除するかに躍起となっています。日本に生息し、イタドリしか食べない昆虫のイタドリマダラキジラミ（カメムシ目タデキジラミ科）を放って駆除しようという作戦が試験的に行われています。もちろんイタドリマダラキジラミもヨーロッパでは外来生物。生態系に悪影響が出ないか入念に検証しながら導入を進めているようです。

建造物を破壊する繁殖力

イタドリ

タデ科　北海道〜九州

萌芽力がとても強く、アスファルトをも簡単に突き破ってしまうほど。

水辺で在来種を駆逐

湿地に生え、夏に赤紫色の美しい花を咲かせるミソハギの仲間。日本には、ミソハギとエゾミソハギの2種類が自生しています。両者はよく似ていますが、ミソハギは全体無毛でがくが横向きなのに対し、エゾミソハギは毛が多くがくは上向きです。いずれも観賞用にも栽培され、日本では盆花としても親しまれています。このうちエゾミソハギが「世界の侵略的外来種ワースト100」に選定されています。エゾミソハギは日本だけではなく、ユーラシア大陸からヨーロッパ、北アフリカにかけてのかなり広域に分布する植物です。そこから北アメリカやニュージーランド、南アフリカなどへと移入されましたが、生態系のすき間にうまく入りこんでしまい、1株から270万個ものタネをつくって、水辺を中心に大繁茂。現地の生態系に大打撃を与えたり、水路をせき止めてしまったりと大きな被害をもたらしています。もちろん本来の自然分布域では、生態系の一部としてなじんでいるため、そういう被害が起きることはありません。

侵略的外来種ワースト100

エゾミソハギ

ミソハギ科　北海道～九州

こんなに可憐な花だけど

日本に自生するミソハギの仲間は２種。エゾミソハギは全体に毛が多く、がくの先が真上を向く。

1分で1マイルも伸びる草

イシミカワはつる性の一年草で、道ばたや河原などに普通に生え、瑠璃色の丸くてかわいい果実が魅力的です。ところがこれが北アメリカやニュージーランドなどにわたり、現地では猛烈な勢いで繁茂していると言います。英語でmile-a-minute-weedなどと呼ばれていますが、これは「1分で1マイル（約1.6㎞）も伸びる」と、生長の早さを比喩（揶揄？）したものです。さすがにそこまではありませんが、生長がとても早いのは事実で、あっという間に、あたり一面を覆いつくし、その結果、現地の植物は日光があたらずに衰弱してしまいます。

つるを四方八方に伸ばす

カナムグラも日本在来のつる草です。これも、アメリカやヨーロッパなどで、イシミカワに負けず劣らずの勢いであちこちを覆いつくしています。ただ日本でのカナムグラの生態を知っている一人として、アメリカに導入されたきっかけが園芸用だったというのを知ったときは、ちょっとびっくりでしたが……。

米や豪で猛威

イシミカワ

タデ科 全国

もともとの自生地である日本では、イシミカワも植生の一部として周囲の植物とうまくやっている。

欧米で猛威

カナムグラ

アサ科 全国

市街地でも空き地によく生え、あたりを覆いつくす勢いで広がる。茎や葉には鋭い刺が多いので、肌を露出したままやぶの中を通り抜けると、擦り傷だらけになってしまう。

私を養って……ランは意外と重い⁉

現在、種子植物（花を咲かせタネをつくる植物）の中で、最も種類数が多く、繁栄しているのが、キク科とラン科のグループです。中でも**ラン科植物**（以下、ラン）は世界じゅうに2万種以上あるとされ、ちょっとした環境のちがいに適応しながら、少しずつその姿を変えていき、現在も次々と新しい種類が誕生しています。そのため種類数自体はどんどん増えていますが、多くは、特定の場所の特定の環境にのみ生える「レア種」です。

ランの花は色やかたちがとても多様で、なおかつ複雑なつくりをしています。花によく来る昆虫の体に合わせて、花の構造が変化したためです。お得意様専用の花になることで、受粉効率を最大限にまで高めているのです。しかし、何らかの理由でお得意様が来なくなると大変です。お得意様の体に特化しすぎたため、他の昆虫には花のかたちが合わず、受粉不能に陥ります。ただ、ランは進化を続ける植物なので、この種類自体が絶滅しても、そこから新たに進化した種類が登

タネが細かい！

シュンラン

ラン科　北海道〜九州

春の里山でよく見かけるシュンラン。そのタネは、まるでホコリのように細かい。

場するかもしれませんね。

ラン菌に頼るラン

もうひとつ、ランは土壌の細菌類（いわゆるラン菌）に強く依存しています。しかも、どれでも良いというわけではなく、種類ごとの相性があります。ランのタネは、ラン菌の力を借りないと発芽できません。ふつう植物のタネには「発芽に必要な養分」も同封されていますが、ランのタネにはそれがないためです。もっとも相性の良いラン菌がいる環境であれば、それで十分です。「発芽に必要な養分」を節約することで、生産できるタネの数を増やしているのです。

ランは、発芽後もラン菌との依存関係

養分はラン菌から……

マヤラン

ラン科 本州〜沖縄

いわゆる腐生ランの一種。
葉を持たず、ラン菌からの
養分で命をつないでいる。

を続けています。その依存の具合は種類ごとに異なります。腐生（ふせい）ランと言って、自分で光合成せず、必要な養分のすべてをラン菌から得ている種類もあります。

これらランを取り巻く関係は、きわめて高度な生態系のシステムで、その環境が維持されている限りは、最高のパフォーマンスを発揮することでしょう。しかし環境の急変などの突発的なトラブルには弱く、途端に再起不能なレベルにまで破綻する可能性があります。

しかも、ランは普通の植物とは異なり、種まきや移植・栽培が不可能な種類が多く、保護活動は困難を極めます。一度危機が訪れると、そのまま絶滅に向かって一直線に突き進んでしまう恐れがあ

抜かれたら最後……

キンラン

ラン科　本州〜九州

里山に咲くラン。花がキレイだからと掘っていってしまう人も多いが、ラン菌との関係が切れてしまうため、掘った瞬間に枯れる運命が確定する。

タフなタイプのラン

ネジバナ

ラン科　全国

ランの仲間には珍しく環境の変化に強く、街中にも普通に生えている。

るのです。

高度にシステム化された現代社会も、平時はとても便利ですが、一度トラブルが発生すると複雑ゆえに復旧に多大な労力と時間を要し、生活に大きな混乱をもたらします。何やら、通ずるものがあるなと感じるのはわたしだけでしょうか。

誤解です！な名前

植物の日本名の多くは、種類の特徴や性質がもとになっています。ところが中には、さまざまな理由で「名が体を表していない状態」になってしまったものもあります。

花にまつわるハテナな名前

普段は周囲の景色に溶け込んでしまっている植物も、花の咲いた瞬間は多くの人々の目に留まります。そのためか花の特徴などが名前に反映されている植物もたくさんあります。ただ、中にはあまり実態が反映されていないようなものも少なくありません。

アキカラマツは里山に多い多年草です。花期は学校が夏休みの時期で、せいぜいもっても9月初旬までです。山道に咲く繊細な花は、野趣にあふれた魅力があります。ただこれは、二十四節気の立秋が8月6日ごろで、それ以降は暦の上で

ナツには咲かない

ナツトウダイ

トウダイグサ科　北海道〜九州

△里山の林縁など生える。春、芽吹きとともに開花する。

白い部分が雄しべ

アキカラマツ

キンポウゲ科　北海道〜九州

▽白いポンポンのような部分は、雄しべで、花びらは開花とともに脱落してしまう。

は秋になることを考えれば、まあ納得がいきます。ところが、同じ里山に生えるナツトウダイは謎です。名前に夏とありますが、花期は3〜4月ごろ。果実や紅葉など、夏に何か目を引く要素があるのかと思いきや何もなく、地味な姿で他の植物に紛れてしまい、よほど気をつけて探さないと見逃してしまうほどです。

　もうひとつ、アカバナユウゲショウがあります。夕方から紅色の花が開き、咲き揃うとまるで化粧をしたように見えるというのがその名の由来です。しかし実際の開花は日中で、夜間はむしろしぼんでしまう傾向があります。さらに白い花を咲かせる品種も見つかりました。もしこれに名前をつけるとシロバナアカバナユウゲショウ……。かと言って、白い花の株にアカバナユウゲショウも何か不釣り合いです。そのためかどうか分かりませんが、最近は名前からアカバナを取って、単にユウゲショウと呼ばれるようになりました。

原産地はどこ？

主な産地（自生地）の地名などが冠してある植物名の中には、たまに名前と産地が一致しないものもあります。これは、命名の段階で考えられていた産地が、後の研究でじつは別な真の産地が判明した場合などが考えられます。例えばアメリカオニアザミ。１９６０年代、北アメリカからの輸入飼料に混入したのがきっかけで渡来したため、アメリカが冠されたと推定されます。しかし実際の原産地はヨーロッパ。そこから世界各地に拡散し、日本にはたまたま北アメリカを経由して入ってきたのです。産地を正しく示したセイヨウオニアザミという別名もありますが、現時点ではアメリカオニアザミのほうが一般的です。

じつは誤訳だった？

外来種の中には、海外の呼び名の直訳がそのまま日本名になっているものも少

実は昼間も咲いている

ユウゲショウ

アカバナ科　外来種

日本には園芸植物として導入されたが、繁殖力・生命力ともに強いため、現在では道ばた雑草としてはびこっている。稀に白い花の株もある（写真右　ユウゲショウ白花）。

ヨーロッパ生まれの

アメリカオニアザミ

キク科　外来種

街中を含めいたるところで急増中。花はきれいだが、強烈な刺で全身を防備しており、素手でさわると痛い思いをする。

なくありません。秋の花粉症の主因となる北アメリカ原産のブタクサは、英語名のhogweedを直訳したものです。また、ヨーロッパ原産のブタナはフランス語の呼び名salade de porc（豚のサラダ）の直訳です。ヨーロッパ原産の牧草、カモガヤも英語名の直訳からきていますが、どうも誤訳してしまったようです。カモガヤの英語名はcock's foot grass（ニワトリの脚の草）です。穂の形をニワトリの脚に見立てたものなので、本来であれば「ニワトリガヤ」となるところですが、和訳時にcockをduck（カモ）と見間違えてしまったらしいのです。

偶然が生んだ、名前の悲劇

先に紹介した気の毒な名前は、匂いや刺がきつかったり、見た目がそれを連想させたりなど、多少なりとも植物側にも理由がありました。しかし、植物側にはまったく非は無く、命名者もおそらくそんなつもりは無かっただろうが、たまたま音の響きから誤解を生むような名前になってしまった植物もあります。見映えがするからか山野草図鑑にもよく登場し、たびたびその手のコメントがつけられる例としてクサレダマがあります。もちろん腐れ玉ではありません。漢字で草蓮玉と書きます。レダマ（蓮玉）というマメ科の落葉低木があり、それに似てい

別名オーチャードグラス

カモガヤ

イネ科　外来種

世界じゅうで牧草として利用されている有用植物。その一方で、初夏のイネ科花粉症の主要原因植物としての顔も持つ。

黄色の花がかわいいのに

クサレダマ

サクラソウ科　北海道～九州

山地の湿原に生え、夏に鮮やかな黄色い花を咲かせる。花色から別名イオウソウ。

＼ これも誤解です！ ／

日本の原産なのに

ナンバンハコベ

番外編

ナデシコ科　北海道～九州

山道でよく見かける不思議な形の花。南蛮とつくが、れっきとした日本在来種。

て、木ではなく草だからこういう名前になったと言います。夏に枝先に黄色い花を咲かせるのでそれを見立てたのかもしれません。

もうひとつクサイがあります。クサイは、都市部の公園も含め、身近な場所にたくさん生えている草なのですが、花盛りの時期でも目立たず、見過ごされがちな草です。もちろんクサイは、臭くありません。揉んで嗅いでみても、せいぜい他の草と同じ青臭さを感じる程度です。これは、イグサ（イ）の仲間だけれども、イグサよりも細くて柔らかいので、頭に草を冠した結果、たまたま音の響きが「臭い」と同じクサイになってしまったというものです。

草を冠したために残念な感じになった例としてほかに、クサスギカズラ（臭すぎ蔓もとい、草杉蔓）、クサイチゴ（臭い稚児もといい、草苺）などが挙げられます。

全然臭くない

クサイ

イグサ科　北海道〜九州

地味な姿で見過ごされがちだが、実は身近な場所にたくさん生えている。湿った草地の環境を好むが、市街地にも多い。

臭すぎなんてひどい

クサスギカズラ

キジカクシ科　本州〜沖縄

じつは野菜のアスパラガスと同じ仲間。静岡県より西の暖地の海岸に生える。

かわいい苺が臭いなんて？

クサイチゴ

バラ科　本州〜九州

山野に群生するキイチゴの仲間。初夏に赤く熟すイチゴは甘酸っぱくておいしいが、結実率があまり良くない。

園芸植物から嫌われ者の雑草に

植物と人とのかかわりはとても古く、単なる食用にとどまらず、薬や日用品の材料など、さまざまな用途で生活の中にも取り入れられてきました。また美しい花やみずみずしい緑は、人々の生活空間に彩りを添え、豊かな心をも育んできました。このように人々の役に立つ植物を総称して有用植物と言い、それらのうち主に観賞目的で栽培されるものを園芸植物と言います。国際交流が進むにつれ、海外からも多種多様な植物が導入され、今や世界中の植物が店先を飾る時代となりました。その一方で、逸出（いっしゅつ）と言って、もとは園芸植物だったものが逃げ出して繁茂し、厄介な外来雑草となってしまっている例も増えてきています。地域の生態系や農林水産業など、各方面への悪影響も懸念されています。

きっかけとして多いのが、こぼれたタネの拡散です。また、剪定枝（せんていし）や根、増えすぎた球根、株などを、どうせ枯れて自然に戻るからと野外に投棄してしまうことも逸出につながります。さらには、空き地や水辺を花いっぱいにしようとした

美しさに似合わぬ繁殖力

シンテッポウユリ

ユリ科　園芸交雑種

シンテッポウユリは1つの花から大量のタネができる。タネは薄っぺらいため、風に舞い、雨に流され、あちこちに運ばれていく。

結果、一部が手に負えないほどはびこってしまったというケースもあります。

ユリがまさかの雑草化！

美しい花の代名詞で、誰からも愛される存在のユリ。庭や花壇で、きれいな花を咲かせようと手塩にかけて育てられています。野生種も、自生地では暗黙の了解で大切に扱われ、通りかかった人々の心を癒しています。雑草の要素を微塵も感じない存在ですが、近年、そのイメージを覆すような種類が登場しています。それがシンテッポウユリです。シンテッポウユリは、タカサゴユリとテッポウユリの交雑種で、もともとは観賞用に栽培されていました。しかし種子繁殖力が強く、こぼれたタネからどんどん広がり、今や雑草のごとくそこいらじゅうで繁茂しています。その勢いは環境省が2015年に公表した生態系被害防止外来種リストで、「その他の総合対策外来種」に選定されるほどです。

花屋さんでも見かけるけど……

生態系被害防止外来種リストは啓発の意味合いが強く、法的規制はありません。しかし野外に与える影響が大きいため、取り扱う時は野生化させたり、拡散させたりしないよう、細心の注意を払う必要があります。園芸植物として広く栽培されているものの中にも、生態系被害防止外来種リストに選定されているものが案外と多く存在します。

例えばホテイアオイは、寒さに弱いため、国内ではほとんどが冬に枯れてしまいますが、今後気候の温暖化などで越冬できるようになると大変です。水面を覆いつくして水辺の生態系に壊滅的な打撃を与えるだけではなく、枯れ葉が堆積して水路を埋め、水の流れを悪くしたり、船が通れなくなったりし、さらには腐敗して水質悪化を招く恐れがあります。そのため世界じゅうで厄介者となっていて、世界の侵略的外来種ワースト100にもなっています。

水辺で厄介者に……

ホテイアオイ

ミズアオイ科 外来種

英名はウォーターヒヤシンス。葉柄が布袋様のお腹のようにぷっくり膨らんで、浮袋となる。群れて咲くととてもきれいではあるが…。

寒さを逃れて大繁殖

シチヘンゲ

クマツヅラ科 外来種

暖地の海沿いで野生化していたシチヘンゲ。撮影したのは晩秋だが、まだ花を咲かせていた。

シチヘンゲはランタナの名前で流通していて、花色が豊富で丈夫なことから夏の花壇や鉢植えに欠かせない素材となっています。多年草ですが寒さには弱く、凍結すると枯れてしまいます。しかし、霜がほとんど降りない都市部や暖地では越冬し、旺盛に繁茂しています。

ヒイラギナンテンやピラカンサも、庭木としてよく植えられていますが、各地で野生化しています。これらの果実は野鳥に人気で、鳥に食べられることで、中のタネがフンとともにあちこちに散布されてしまうのです。

アフリカホウセンカは、夏花壇の定番となっているツリフネソウ科の多年草です。インパチェンスと言ったほうが通りは良いかもしれませんね。これも寒さに弱いため、花壇では一年草として扱いますが、気温の高い地域では通年成長可能です。国内では沖縄県内で雑草化していると言います。

ヒメツルソバはヒマラヤ原産の多年草で、ピンクの金平糖のような花を次から次へと咲かせるとても可愛らしい草です。背が高くならず、地を覆うように広がりながら株いっぱいに花を咲かせることから人気は高いのですが、その可愛さとは裏腹に繁殖力が強く、ほうぼうで繁茂しています。

生態系被害防止外来種リストにある栽培キク属は、観賞用に栽培されるキクの

野生化する庭木①

ヒイラギナンテン

メギ科　外来種

◀夏から秋にかけ、青黒くて丸い果実がいくつもぶら下がる。人は食べられないが、鳥がよくついばむようで、フンとともにあちこちにタネをまき散らしている。

野生化する庭木②

ピラカンサ

バラ科　外来種

▶秋に朱色や橙色、黄色の果実を枝いっぱいにつけ、とても美しいため庭木として人気が高い。ピラカンサは、トキワサンザシ、ヒマラヤトキワサンザシ、カザンデマリ、タチバナモドキなど複数の種類、または園芸交雑種を総称した呼び名。

沖縄で雑草化

アフリカホウセンカ

ツリフネソウ科　園芸交雑種

◀インパチェンスの名前で出回っており、夏花壇の定番。本来は多年草だが、寒さに弱いため1年草として扱われている。

仲間の総称で、イエギクとも呼ばれています。その栽培の歴史は軽く1000年を超え、今では日本の秋を代表する存在となっています。それだけで1冊の分厚い図鑑ができてしまうほどの栽培品種を抱えるイエギクですが、挿し木や株分けで簡単に増やせるため、その分野生化しやすい傾向があります。また、日本の山野にも、野生種のキクが何種類も自生していますが、これらにイエギクの花粉がつくと、簡単に雑種ができてしまうため、それによる影響が懸念されています。イエギクとの交雑によってできた種の例として、サンインギク（片親はシマカンギク）、ハナイソギク（片親はイソギク）などがあります。

また現時点では生態系被害防止外来種リストには選定されていませんが、気をつけたいものとして「冬知らず」の名前で流通しているヒメキンセンカがあります。冬から春にかけての花の少ない時期に小さいながらもオレンジ色の花を次から次へと咲かせるために人気があります。ただ、やはりこれもこぼれたタネでどんどん増えるため、あちこちで野生化しています。

「手がかからない」から、「手に負えない」へ

地を覆うように広がる植物をグランドカバープランツと言います。緑を増やし

そういえばよく見る

ヒメツルソバ

タデ科 外来種

ヒマラヤ原産の多年草。見た目の可愛さとは裏腹にとってもタフ。暑さ寒さに強く、ほぼ1年じゅう花を咲かせ続ける。

交雑によって誕生した

サンインギク

キク科 自然交雑種

名前は山陰地方の島根県太田市で発見されたことに由来する。花の色やかたちには個体差がある。

冬の人気花

ヒメ キンセンカ

キク科 外来種

キンセンカの仲間で、冬から春にかけて小さいながらもオレンジ色の花を次々咲かせる。冬の寒さにも負けない健気な姿も魅力の一つ。

て景観を良くし、土ぼこりが舞うのを防いだり、雑草の繁茂を抑制したりと、うまく導入すると「一種何役」ものメリットを享受できます。しかしここに外来種を安易に導入すると、デメリットのほうが大きくなることもあります。

例えばツルニチニチソウ。つるを旺盛に伸ばし、日かげでもよく育ち、ほとんど手がかからないため、一時はさかんに栽培されました。が、ほどなく、その脅威的な繁殖力に気づかされ、振り回されるようになります。ツルニチニチソウは、地中にも根茎を長くはりめぐらせ、根茎のわずかな断片からも再生して新しい株として成長を始めます。そのため一度植えたら最後、除去が困難になります。しかも、庭先から逃げ出した株が山林内にどんどん入りこんで占拠、林内の多様な生きものたちの生育の場をも奪ってしまっているのです。そのため現在は、重点対策外来種に選定されています。

同様の目的で導入されたヒメイワダレソウは、グランドカバー界の革命児のごとくもてはやされていました。ところが、ちぎれた茎や根から際限なく増えていくため、場所によっては野生化して手に負えなくなっているようで、こちらも重点対策外来種に選ばれてしまっています。

除去が困難な生命力

ツルニチニチソウ

キョウチクトウ科　外来種

ヨーロッパ原産の常緑多年草で、春に青紫色の花を咲かせる。斑入りの品種もよく栽培される。

グランドカバー界の革命児

ヒメイワダレソウ

クマツヅラ科　外来種

道ばたやあぜのグランドカバーに利用される。日本在来で海岸に自生するイワダレソウに似ているが、花の穂が小さい。

役立つ草から嫌われ者に……

人々の生活や産業を支える目的で導入された有用植物たち。その中には旺盛な繁殖力などで、想定外の副作用が現れ「厄介者」と化してしまったものも少なくありません。以下にいくつか事例を示したいと思います。とはいえ「厄介者」になったのは人間の都合であって、植物そのものは決して何も悪くはない…という点だけは、頭の片隅に置いておきたいところです。

土木分野で活躍したが……

宅地造成や新道開通などの目的で山を切り開いた結果、「法面(のりめん)」と呼ばれる人工的な斜面が現れます。できたばかりの法面は植物の根が張っていないためにもろく、ちょっとした雨などで簡単に崩落したり、浸食されたりする恐れがあります。そこで緑化と崩落防止を兼ねてさまざまな植物が導入されています。環境への適応力が強くて、成長が早く、なおかつ強い根の張りで土砂流出抑制効果の高

土砂流出対策に使われた②

シナダレスズメガヤ

イネ科　外来種

△河原を覆いつくしたシナダレスズメガヤ。葉はとても長くて、しなだれる。繊細な草姿に見えるが、根の張りはとても強く、簡単には引っこ抜けない。

土砂流出対策に使われた①

イタチハギ

マメ科　外来種

▽土砂流出防止効果が強く、砂防用に広く使われている。

いものがいろいろと利用されています。比較的利用が多いのは、北アメリカ原産のイタチハギと南アフリカ原産のシナダレスズメガヤです。

特にイタチハギは、日当たりの悪い場所でもよく育ち、長期間の水没にもよく耐え、さらに斜面安定効果も優れていることもあり、山間部で多用される傾向があります。しかし、こういう丈夫で手のかからない植物というのは、往々にして、一度定着するととんでもなく繁茂して手に負えなくなるリスクをはらんでいます。案の定、両種ともに各地で生態系への悪影響などの強い副作用が出て、その対策に翻弄されてしまっています。特にシナダレスズメガヤは乾燥した河原を

牛乳が売れなくなる!?

イチビ

アオイ科　外来種

イチビの英名はvelvetleaf（ベルベットリーフ）。名前のとおり、葉はベルベットのようにふわふわした感触がある。

△現在繁茂しているイチビは、果実が熟すと黒くなる。

△観察会で、枯れたイチビを見つけたので、試しに茎を裂いて、縄をなってみた。歩きながらなうこと数十分、写真のような縄ができた。

覆いつくし、そこにもともと生育していたカワラノギクなどの絶滅危惧種を一層危機的な状況に追い込んでいて、各地で除去活動が行われています。

かつては繊維作物、今は…

インド原産のイチビは、茎の繊維が丈夫で、繊維作物として世界各地で古くから栽培されています。日本でもかなり古い時代にはコウゾやミツマタなどとともに、紙や布などの原料として栽培されていました。ところが現代の日本でイチビと言えば、畑や牧場ではびこる悪名高い「強害雑草」です。畑では、繁茂して作物の生育を妨げてしまう上に、硬い茎で農機を詰まらせてしまいます。牧場では

水路をすぐ埋める!?

オランダガラシ

アブラナ科　外来種

△クレソンの名前で付け合わせ用の香辛野菜として人気がある。湧水の環境を好むが、平地の水辺にも多い。

◁水路を覆いつくしたオランダガラシ。世界じゅうで水路を埋める被害が相次いでいて、厄介者扱いされている。

乳牛用飼料に混入すると、変な匂いの牛乳になって、売ることができず大損害が出てしまいます。

ただ、現代の強害雑草イチビは、かつての繊維作物イチビとは別系統と考えられています。熟したときの果実の色がちがう（強害雑草系統は黒色、繊維作物系統は茶色）など、見た目の特徴もやや異なります。

美味しい食材だけど、世界的な厄介者

サラダや肉料理の付け合わせとして定番の「クレソン」は、持ち前のピリッとした辛味と独特の香りで、料理の風味を豊かにします。その上、栄養価が高く、

健康成分も豊富な緑黄色野菜です。日本名はオランダガラシで、正確な渡来時期ははっきりしませんが、少なくとも江戸時代後期には食用として栽培されていたと言われています。ところが香辛野菜として高く評価されている一方で、生態系被害防止外来種リストでは重点対策外来種にも選定されています。

スーパーで売られている付け合わせ用のクレソンを水の入ったコップに漬けておくと、数日程度で発根し、再び成長をはじめます。この再生力と繁殖力が問題で、一度水辺に侵入すると、ちぎれた枝があちこちに拡散して、それぞれがたどり着いた先で再生し、旺盛に繁茂していきます。成長のスピードも早く、あっという間に水路を埋めてしまうため、厄介者扱いされているのです。

堤防に菜の花は禁物か

セイヨウアブラナやカラシナは、ともに食用や採油などの目的でもよく栽培される越年草です。じつは近年、土手に咲くこれらの「菜の花」は問題視されています。ひとつは、在来タンポポやスミレ類など、日本在来の野花の生育場所が奪われてしまうという生態系への影響です。そしてもうひとつ、最近特に注目されているのが、堤防を傷めて水害を引き起こす原因になりうるという点です。

堤防を傷める!?①

セイヨウアブラナ

アブラナ科 外来種

現在、「菜の花」として広く親しまれているものの大半はこのセイヨウアブラナ。カブの祖先と、キャベツの祖先とが、自然に交雑してできたと考えられている。タネから油を採るために世界じゅうで栽培されている。

堤防を傷める!?②

カラシナ

アブラナ科 外来種

セイヨウアブラナとともに堤防などに野生化している。葉はピリッとした辛味があって食べられるほか、タネはマスタードの原料にもなる。

この手の「菜の花」は、冬の間にどんどん根が太くなり、開花のための養分を中に蓄えていきます。立派なものでは、カブやダイコンを思わせるくらいのサイズにもなりますが、野生種のそれは硬くて食味も悪く、残念ながら食用には向きません。花が咲いて中の養分が使われると、「太い根」はしぼんでブヨブヨになり、やがて腐っていきます。これを何度も繰り返すと、堤防に空洞ができたり、土がブヨブヨに腐った残骸に置き換わったりしてしまいます。

さらに、イノシシなどが「太い根」を食べるために掘り返してしまい、堤防に穴をあけてしまうこともあります。

これがセイヨウアブラナの根！

膨らんだ根の中に、開花に必要な養分をたっぷりとため込む。カブやダイコンのようだが、硬くて美味しくない。

嫌われ者どころか特定外来生物

2005年6月、外来種問題に対応するために、外来生物法（特定外来生物による生態系等に係る被害の防止に関する法律）という法律が施行されました。外来生物は星の数ほど入りこんでいますが、その中でも生態系、人の生命・身体、農林水産業などに甚大な被害をもたらすか、その恐れがあるものについて、特定外来生物として指定し、その扱いに法的規制をかけようというものです。

河原を可憐に彩るが、しかし…

初夏の河原や道路沿いに咲き乱れる可憐な黄色い花。これは北アメリカ原産のオオキンケイギクです。一度植えると自然にどんどん増えて、毎年きれいな花を咲かせてくれることから、かつては空き地や法面を緑化するために、あちこちに植えられてきました。ところが、その強靭な生命力と繁殖力が災いして、気づいたらオオキンケイギクだらけ。もとからあった地域の生態系が壊滅的な打撃を受けてしまいました。そのため2005年に施行された外来生物法では真っ先に特定外来生物に指定されました。人の手によってあれだけ積極的に広められてきたオオキンケイギクが一転、今度は法律に基づいた厳重な防除対象となってしまったのです。

山ではびこるオオハンゴンソウ

夏の花壇を彩る園芸植物のルドベキア。キク科オオハンゴンソウ属の植物の総称で、さまざまな品種が海外から導入されています。比較的よく栽培されているのが、アラゲハンゴンソウやミツバオオハンゴンソウ（ルドベキア・タカオなどの名で流通）です。その中で、現在問題になっているのがオオハンゴンソウです。北アメリカ原産で日本では明治時代中期に観賞用に導入されましたが、地下茎の断片や、何年も前にこぼれたタネからも容易に復活するため、どんどん増え、現在では山間部を中心に繁茂しています。オオハンゴンソウが特に厄介なのは、国立公園などの貴重な植生が残されている場所にもどんどん入りこみ、その場所の生態系に大きなダメージを与えてしまう点です。そのためオオハンゴンソウも特定外来生物に指定され、各地で駆除活動が行われています。

かつてはよく植えられた

オオキンケイギク

キク科 外来種

河川敷や道路沿いを黄金色に彩るオオキンケイギク。特定外来生物なので、花がキレイでも持ち帰ってはいけない。

駆除活動が行われている

オオハンゴンソウ

キク科 外来種

夏の山道で目立つのがオオハンゴンソウ。各地で、貴重な植生を守るための駆除活動も展開されている。

特定外来生物指定種と
生態系被害防止外来種リストの一覧

特定外来生物（外来生物法に基づく指定種。法的規制あり）

和　名（日本名）	学　　名
オオキンケイギク	Coreopsis lanceolata
ミズヒマワリ	Gymnocoronis spilanthoides
ツルヒヨドリ	Mikania micrantha
オオハンゴンソウ　＊1	Rudbeckia laciniata
ナルトサワギク	Senecio madagascariensis
オオカワヂシャ	Veronica anagallis-aquatica
ナガエツルノゲイトウ	Alternanthera philoxeroides
ブラジルチドメグサ	Hydrocotyle ranunculoides
アレチウリ	Sicyos angulatus
ナガエモウセンゴケ	Drosera intermedia
オオフサモ	Myriophyllum aquaticum
ルドウィギア・グランディフローラ　＊2	Ludwigia grandiflora
ビーチグラス　＊3	Ammophila arenaria
スパルティナ属全種　＊4	Spartina spp.
ボタンウキクサ	Pistia stratiotes
アゾラ・クリスタータ	Azolla cristata

2019年2月現在
※特定外来生物は必要に応じて追加指定されていきます。
最新の指定状況は環境省ホームページなどでご確認ください。

＊1　八重咲品種のハナガサギクも含む。
＊2　オオバナミズキンバイなど、いくつかの種類を含む。
＊3　国内では未確認。
＊4　ヒガタアシという種類が愛知県内に侵入。

生態系被害防止外来種リスト

定着予防外来種	外来種として野外に定着するのを防ぎたいもの	
侵入予防外来種	**ビーチグラス**	国内未確認。侵入を水際で防ぐ。**赤太字**は特定外来生物に指定されているもの。
定着予防外来種（その他）	ノルウェーカエデ、ギョリュウ、アツバチトセラン（サンスベリア）など	国内導入導。野生化させない。

総合対策外来種	外来種として定着しており、総合的な対策が必要なもの	
緊急対策外来種	**アレチウリ**、**オオフサモ**、**オオカワヂシャ**、**オオキンケイギク**、**ミズヒマワリ**、アメリカハマグルマなど	**赤太字**は特定外来生物に指定されているもの。**青太字**は国内外来種。
重点対策外来種	ウチワサボテン属、ハゴロモモ、園芸スイレン、**ナガエモウセンゴケ**、トウネズミモチ、オランダガラシ（クレソン）、シュッコンルピナス、ツルニチニチソウ、コマツヨイグサ、シチヘンゲ、フサフジウツギ（ブッドレア）、オオブタクサ、セイタカアワダチソウ、外来性タンポポ種群、オオカナダモ、アマゾントチカガミ、アツバキミガヨラン、ホテイアオイ、キショウブ、ノハカタカラクサ、シナダレスズメガヤ、メリケンガヤツリ、オオサンショウモ、ヒメマツバボタン、セイロンベンケイ、ギンネム、ヒメイワダレソウ、アフリカホウセンカ（インパチェンス）、ヨシススキ、**小笠原諸島などのガジュマル**、**白山など高山帯のコマクサ**、**高山帯のオオバコ**など	
総合対策外来種（その他）	コンテリクラマゴケ、シャクチリソバ、ヒメツルソバ、ナガバギシギシ、エゾノギシギシ、ムシトリナデシコ、ヒイラギナンテン、ピラカンサ類、カラシナ、エニシダ、ナンキンハゼ、アメリカネナシカズラ、ユウゼンギク、アメリカセンダングサ、栽培キク類、ハルシャギク、アメリカオニアザミ、ヒメジョオン、フランスギク、オオオナモミ、シンテッポウユリ、ハナニラ、ヒメヒオウギズイセン、メリケンカルカヤ、シロガネヨシ（パンパスグラス）、セイバンモロコシ、ツルムラサキ、フヨウ、カッコウアザミ類（アゲラタム）、ハナシュクシャ、**山地のギシギシ**、**九州北部以北の森林内などのシュロ類**　など	

産業管理外来種	産業上重要な外来種。野生化させない配慮が特に必要。
	キウイフルーツ、ビワ、ハリエンジュ（ニセアカシア）、カモガヤ、オオアワガエリ（チモシー）、モウソウチクなどの竹類、ナギナタガヤ、外来クサフジ類（ヘアリーベッチなど）など

※特定外来生物以外は法的規制なし

対策がとられているこれらの種も、もとをただせば人間の手によって無理に日本に持ち込まれたものです。特定外来生物や、侵略的外来生物という単語を聞くと、いかにもその生きものが悪質なもののように感じますが、生きものたちにはそんな悪意はありません。自らの命を全うし、次世代に命をつなぐという「生命活動」を続けているだけなのです。現地でおとなしくくらしていたものを、人の手によって無理やり環境の異なる場所に連れてこられて、相当戸惑っているはずです。現在、外来生物として目の敵にされ、駆除されている植物たちも本当はとても可哀相な立場なのです。一番悪いのは、場当たり的に生態系を好き勝手に引っ掻き回している人間であることを忘れてはならないと思います。

くさい花でコバエを誘う

花の香りは、わたしたち人間の心を満たすためではなく、昆虫にその存在を知らせるための「看板」です。チョウやハチなどの訪花昆虫は、蜜や花粉を食べながら、花から花へと転々と移動して飛びまわります。昆虫は食事に夢中で、体が花粉まみれになってもおかまいなし。そうこうしているうちに、体に付着した花粉は雌しべの先端にもついて、受粉が完了するという仕組みになっているのです。多数の昆虫が訪れれば訪れるほど、他の株由来の花粉がつく確率は高まり、「遺伝子の多様性」も維持できるようになります。

このようにして昆虫に受粉を託すものを虫媒花（ちゅうばいか）と言います。虫媒花は、鮮やかな花びらや魅力的な匂いで花を目立たせ、昆虫に気づいてもらえるように努力をしています。一方、風の力で受粉を行うのが風媒花（ふうばいか）です。スギやヒノキ、ブタクサなどがその類ですが、莫大な花粉を空中に撒き散らすものの、昆虫を呼ぶ必要はないため、花は地味で咲いていても目立ちません。

貴重な花だけど匂いは……

サトイモ

サトイモ科　外来種

サトイモそのものは根菜としてたくさん作られているが、なぜかほとんど開花しない。開花だけでもレアなのだが、もし結実したら新聞の地域欄に掲載されてもおかしくないほど。

コバエだからこそ好きな匂い

チョウやハチ、ハナアブ、ハナムグリの仲間などが、訪花(ほうか)昆虫の代表的な存在ですが、中には、俗にいうコバエ（キノコバエ類などの小型のハエ目昆虫の総称）に花粉を託す植物もあります。

コバエといえば、腐ったものなど悪臭を放つものが大好きな種類が多いですね。その性質を知ってか知らずか、コバエに花粉を託す植物の花は悪臭を放つものが目立ちます。特にサトイモ科の植物に多く、日本では滅多に咲かないサトイモも、近づくとプーンと臭気が漂ってきます。コンニャク類に至っては、腐肉や肥溜めを連想させる、鼻の曲がりそうな

覚悟の上、近づいて！

コンニャク

サトイモ科　外来種

▽種いもから育てると開花まで数年かかる。花はとてもユニークで教材にも最適だが、匂いは相当のものなので、それを承知の上で栽培しよう。

ユニークな形の花

ザゼンソウ

サトイモ科　北海道～本州

△自ら発熱し雪を融かして花を咲かせるザゼンソウ。ミズバショウとともに雪山に春を告げる存在だが、じつは花は悪臭系。

強烈な悪臭が半径数メートルにも漂います。雪の残る山間湿原に春を告げるザゼンソウも、英語名はskunk cabbage。葉がキャベツのように大きく、花はスカンクのようにくさいというのが由来です。日本のザゼンソウは、北米のそれと比べると匂いが控えめであるとのことですが……。

効率的なのか否か……

もうひとつ、「コバエ取り器」のごとくコバエが集まってくるウマノスズクサという植物があります。夏にこげ茶色のラッパのような不思議なかたちの花を咲かせます。自家受粉を防ぐために、雌しべが先に成熟し、雄しべはその後成熟

中に入ったハエは花粉まみれ

ウマノスズクサ

ウマノスズクサ科　本州〜沖縄

激臭というわけではないのだが、おもしろいほどコバエが集まる。しかし、その結実率は極めて低く、果実は滅多に見られない。

し、花粉を放出します。開花後に匂いでおびき寄せたコバエは、花の奥のスペースに閉じこめられます。雄しべから花粉が放出されると、閉じ込められていたコバエも外に出られるようになりますが、脱出しようともがくため、解放される頃には体は花粉まみれになってしまいます。

　ところが、こんな凝ったことをしているのにもかかわらず、滅多に果実を見ることがありません。名前の由来は、馬の首に下げる鈴に似た果実をつけることからきていますが、わたしも実物はまだ見たことないほどです。凝ったことをしすぎてかえって効率が悪いのか、それとも自家受粉で結実できないのが仇になっているのか、その理由は不明です。

自家中毒に濡れ衣

河原や空き地を黄金色の花で埋め尽くすセイタカアワダチソウ。今でこそ繁殖力の強い厄介な雑草として人々に嫌われていますが、もとを正せば人の手によって持ち込まれたものでした。それもなんと園芸植物として花を愛でるのが目的です。また、晩秋の花の少ない時期の蜜源（みつげん）にと期待され、養蜂業者の手によっても広められました。実際に、この仲間（アキノキリンソウ属、solidago）は、現在も秋花壇用の宿根草として、切り花として、広く利用されています。

さて、日本に最初にセイタカアワダチソウが導入されたのは明治期ですが、野外で本格的に繁殖し、全国的に猛威を振るうようになったのは戦後のことです。その一因に、高度経済成長とともに、全国的に大規模な土地の造成が行われたのが関係しているとも考えられています。その地の生態系が維持されているうちは、そこでくらす生きものたちがそれぞれに自分のポジションを持っており、そのポジションは完全に埋まってしまっているため、他から生きものが侵入してく

最初は有用植物だった

セイタカアワダチソウ

キク科 外来種

小春日和の昼下がり。周囲は枯れ草が目立ち寂しくなってきていても、セイタカアワダチソウの周りは、花の蜜を求めてやってきた虫たちでとても賑やか。

る余地はありません。ところが、土地が造成されて生きものがいなくなると、生態系内のポジションに空きができてしまい、そこに合致するような外来生物がさっと入りこんでしまうのです。セイタカアワダチソウも、そうやって日本の生態系内に侵入するのに成功した可能性があるというのです。

しかも、セイタカアワダチソウは、アレロパシー作用と呼ばれる得意技を持っています。これは根の先から除草剤に似たような成分を出し、周囲の植物の成長を阻害し、その間に自分の陣地を確保してしまおうという植物の分布拡大戦略の1つです（アレロパシー作用については111〜115ページも参照）。生態系内にうまく侵入し、アレロパシー作用で周囲の植物を圧倒させながら、地下茎でどんどん広がっていく、しかも莫大な数のタネを生み出し、タネには綿毛がついていて風であちこち拡散していくため、種子繁殖力も相当なものです。このようにして、セイタカアワダチソウは一気に全国に広がり、一時は天下を取るような勢いでした。ところが今や、往時の勢いは見る影もなく、すっかりおとなしくなってしまった感があります。どうも頑張りすぎたようで、自分で出した成分にやられてしまう、つまり自家中毒のような状態に陥ってしまったのが原因のようです。

また、秋の花粉症の原因植物として濡れ衣を着せられていた時期もありました。セイタカアワダチソウの花は、蜜源として有望視されるくらいで、多数の昆虫が訪れます。その昆虫に蜜を提供する代わりに花粉を託す虫媒花なので、空中に花粉を撒き散らすような無駄なことはしないのです。

日本では雑草扱いだけど……

世界にはいろいろな文化や価値観があり、植物に対する考え方もずいぶん異なります。同じ種類でも、かたや繁茂して厄介なものとして嫌っている地域がある一方で、食材として重宝がられたり、美しさや有用性に価値を見出して大切にされたりしているのです。また現地ではありふれた雑草で、だれも見向きもしないものでも、「異国の地からやってきた植物」というだけで珍しがられ、大切に栽培されたりするものです。もちろん、「日本の雑草」だって例外ではありません。思わず「えっ、これが?」というものに価値を見出し、大切に栽培されていることもあるのです。

海外では美味しい野菜

ヨーロッパ原産のノヂシャは、日本には明治時代に渡来したと推定されています。侵入経路は不明ですが、現在は日当たりのよい土手などに群生していて、春

サラダ用野菜として人気

ノヂシャ

スイカズラ科　外来種

春の土手で小さな水色の花を咲かせる。トウが立つ前に収穫すればサラダ用野菜として使える。

に水色の小さな花をびっしり咲かせています。そのため国内では「外来雑草」としてのイメージが強いものですが、フランスなどではサラダ用の野菜として広く利用されています。近年は日本でも家庭菜園用のタネや苗が流通するようになりましたが、日本名のノヂシャではなく、マーシュやコーンサラダ、ラムズレタスなど海外で使われている名前で出回っています。改良品種と思われるより大きな葉をつける系統もあるようです。日本名のノヂシャは漢字で野苣。チシャ（苣）はレタスの仲間を表す言葉です。

　日本ではたくましく可憐な野花としてのイメージが強いタンポポの仲間ですが、海外では栄養価の高い緑黄色野菜と

外国では畑の作物です

セイヨウタンポポ

キク科　外来種

タンポポだって立派な野菜の一つ。写真のセイヨウタンポポは、実際に野菜として栽培されている品種のタネを購入して育てたもの。

して広く栽培されています。**セイヨウタンポポ**に代表される外来系統のタンポポの中には、食用のために改良された栽培品種も存在します。日本には、食用や牧草用として意図的に持ち込まれ、それが野生化して全国に広がったと言います。セイヨウタンポポにはショクヨウタンポポという別名もあります。

ちなみにスベリヒユも、日本では畑の厄介な雑草として嫌われていますが、ヨーロッパではパースレインやプルピエの名前で野菜として畑の主役扱いとなっています。茎が立ち上がり、全体的に大型で、野生種よりも食べ応えのある**タチスベリヒユ**という変種がよく栽培されています。

食べごたえがある!?

タチスベリヒユ

スベリヒユ科　栽培品種

野生のスベリヒユに比べるとより大型で、茎はほぼ直立する。

反対に、日本ではきんぴらなどでおなじみの根菜のゴボウは、海外ではほとんど利用されず、むしろ一度農地に侵入すると手強い雑草だとして毛嫌いされています。またシュンギクも日本では鍋物やてんぷらに人気ですが、食用にする国は限定的で、ヨーロッパなどではもっぱら観賞用です。

一大ブームを巻き起こしたドクダミ

ドクダミは薄暗くてジメジメとした場所に多く生え、地下茎で際限なく広がります。しかも地下茎はちぎれると、ちぎれた分だけ増えていきます。そのため一度庭に生えると、むしってもむしってももぐら叩き

花が愛されている

ゴシキドクダミ

ドクダミ科　栽培品種

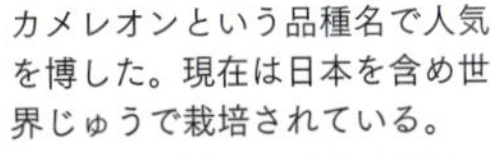
カメレオンという品種名で人気を博した。現在は日本を含め世界じゅうで栽培されている。

状態でキリがなくなります。しかも、全草に鼻を突くような独特の匂いがあり、草むしりの後、手についた匂いがしばらく残ります。その一方で古くから優秀な民間薬として人々の役に立ってきました。現代社会でもドクダミ茶は健康茶としての根強い人気があります。また江戸時代から栽培されている葉変わり品に、**ゴシキドクダミ**というものがあります。黄色や赤色、白色、桃色など、さまざまな色の斑が不規則に入り、花の無い時期も色彩の妙を楽しむことができるため今なお人気があります。かつてこれが欧米にわたり、カメレオンという園芸品種名とともに販売された途端、ブームに火がつき一世を風靡したと言います。

イングリッシュガーデンの定番タケニグサ

タケニグサは、草丈1m以上にもなる大型の多年草で、道ばたや空き地、伐採跡地などによく見られます。茎や葉を傷つけるとオレンジ色の臭い汁が出てきますが、これは有毒です。梅雨の頃に咲く白いポンポンのような花はなかなか美しいものです。日本ではまず誰も栽培しない草ですが、英国では人気が高く、イングリッシュガーデンには欠かせない存在です。

有毒だけど人気？

タケニグサ

ケシ科　本州～九州

花に花弁はなく、がくも開花と同時に落ちてしまう。その代わりに、多数の雄しべが白くふわふわして目立つ。

Part 4

これぞ雑草魂！

地べたに張りついて冬を越す

冬の日本列島は太平洋側と日本海側で大きく異なります。日本海側はくもりや雪の日が多く、何ヶ月も深い雪に覆われる地域も珍しくありません。一方の太平洋側は雪こそあまり降らないものの、夜から朝にかけては、凍てつくような厳しい冷え込みにたびたび見舞われます。日中も冷たい北風が強く、晴天が続いて天地ともにカラカラに乾燥します。どちらにせよ冬の寒さが厳しいことには変わりなく、植物にとって「冬越し」は命をかけた「一大イベント」と言えます。そのため植物は冬を乗り切るために、さまざまな作戦を取り入れています。多年草の多くは、冬期は地上部を枯らし、地下部のみで過ごしますが、短命な植物の場合、そうゆっくりもしていられません。そこで越年草（秋に発芽し越冬、翌春に開花して枯死）や二年草の多くは、「ロゼット」での冬越しを行います。

ロゼットは地上部を枯らさない代わりに、茎や葉を上に向かって伸ばしません。株もとの葉を放射状に広げ、地べたにべったりと張りついた姿のまま冬をや

ロゼット①

キュウリグサ

葉を揉むとキュウリのような独特の香りがある。陽だまりでは冬でもちらほらと咲くことがある。

り過ごすのです。ロゼットの語源はローズ（rose）、つまりバラのこと。ロゼットの状態の植物を上から見ると、典型的なものではまるでバラの花のように見えることに由来します。実際に冬の陽だまりを散歩すると、地面のいたるところにロゼットが「咲いて」います。

ロゼットは、分類の垣根を越えて、きわめて多くの植物が採用しています。とても効率的な方法だからです。では、ロゼットにすることで、どのようなメリットがあるのでしょうか。まず、めいっぱい葉を広げることで、貴重な太陽光を体全体で浴びることができます。そうすることで寒さを緩和できるだけでなく、冬の間も光合成をして、開花・結実に向け

＼ロゼット②／

ミゾコウジュ

河川敷に生え、初夏に淡い青紫色の花を咲かせる。葉脈が凹んでできた「溝」が目立ちぼこぼこして見える。

＼ロゼット③／

メマツヨイグサ

夏の夜に黄色い花を咲かせる。冬のロゼットは、寒さに当たると赤く色づき、とても美しい。

た準備を着々と進めることができます。

また、地にぺたんと張りつき、でっぱりを少なくすることで、寒風に直接晒される部分を最小限にすることができます。さらに雪が積もっても、その重みで茎が折れたり、葉が破れたりするリスクも減らせます。春になると張りつきモードは終わり、中心から新たな茎や葉が出て、それが一気に伸びていきます。

気温によって変わる葉のかたち

三味線のバチのような三角形の果実をつけることから、「ぺんぺん草」の名前で親しまれているナズナ。冬も青々とした葉をつけ、ロゼットの状態で地面に張りつきます。春の七草のひとつでもあり、かつては冬場の貴重な青菜として人々の健康を支えてきました。このナズナは、気温などの環境的要素によって、葉の切れ込み具合やかたちが大きく変化します。厳しい寒さに晒されれば晒されるほど、葉の切れ込みが深く細かくなる傾向があります。そして、そういうものほど美味しいといいます。

ロゼット④

キツネアザミ

畑地や野原に生え、春に小さなアザミのような花を咲かせる。ロゼットは白っぽく、まるで雪の結晶のよう。

多様なナズナのロゼット

気温や日あたりなどの環境のちがいで葉のかたちが大きく変化する。

踏まれてなんぼのタフすぎる草

漢字で大葉子と書いてオオバコ。地べたに広がる幅広の葉が目立つことから、その名前が来ています。人や車がよく通り、踏み固められたような土の上に多く、土ぼこりをかぶりながらも健気に穂を出します。こんな劣悪な場所に生えてしまってかわいそうに…思わずそう呟いてしまいそうですが、じつはオオバコにとっては、これが至福の環境であったりします。

人や車による踏みつけによって、植物が被るダメージというのは想像以上に甚大です。体が大きく傷つけられ、最悪の場合そこから病原体が侵入し、病気に侵される恐れもあります。また土が繰り返し踏み固められることにより、植物の生育に不適な土壌になってしまいます。そのため、人や車のよく通る場所には、あまり植物は育ちません。しかし言い換えると、縄張り争いをしなくてもいいということ。そこに目をつけたのがオオバコなのです。

オオバコの体は、一見するとやわらかそうなのですが、中には頑丈な「筋」が

中に頑丈な筋が通っている

オオバコ

オオバコ科　全国

◀アスファルトのすき間から顔を出すオオバコ。

▶上高地で繁茂するオオバコ。もともと上高地にはオオバコはなく、観光客の靴裏についてきたタネから育ったものだろう。

タネはこんな感じ

オオバコの果実。ふたがパカッと開いて、中からタネがこぼれる。このタネは湿気を含むとベタベタして靴裏によくくっつく。

何本も入り、踏まれる力に対する強度を持っています。穂は上に向かって伸びますが、やはり頑丈な筋が通っているためにしなやかで、踏まれてもなかなか折れません。

それだけではありません。なんと人や車に踏まれることを逆手にとって、自分のタネをまき散らす手段としてうまく活用しています。タネは濡れるとベタベタし、人の靴裏や車のタイヤにくっつきます。そこから動くたびに、靴裏のタネが地面に播種されていく…という算段なのです。

この方法はとても高い効果があるため、近年は思いがけない問題が生じています。上高地などの高原地帯には、本来オオバコは自生しません。ところが、観光客の靴裏にくっついてきたオオバコのタネが散布され、遊歩道がオオバコだらけになってしまっているのです。そのため環境省の生態系等被害防止外来種リストで、「高山帯のオオバコ」が、国内由来の外来種として、重点対策外来種に選定されています。

砂利道の定番

チカラシバ、カゼクサ、オヒシバ、ネズミノオなども、とても踏まれ強い草で

ブラシのような穂！

チカラシバ

イネ科　全国

▽秋に大きな紫色のブラシのような穂が目立つ。根の張りがとても強く、簡単には引き抜けない。

車の踏みつけにも動じない

オヒシバ

イネ科　本州〜沖縄

△株もとの白くなっている部分はとても頑丈。車に踏まれても動じない。

す。オオバコとともに、人や車のよく通る場所にたくさん生えています。特に土の道や砂利道沿いは、これら踏まれ強い草の天下となっていましたが、近年は道路の舗装が進み、これらの草にとって居心地の良い環境は失われつつあります。

チカラシバは、大きなねこじゃらしのような穂をつける多年草で、何年もかけて、がっしりと根を張ります。観察会でチカラシバを見つけると、いつも全体重をかけて引っ張ってみせますが、やはり微動たりともしません。この力強さから「力芝」の名前がつけられています。もちろん踏まれ強さもピカイチ。大型トラックが通っても動じません。

すごい適応力で世界制覇

本書では主に、植物の見た目（形態）や生きざま（生態）にスポットを当てて紹介していますが、ここでは植物が自生する範囲（分布）に着目します。例えばカントウヨメナやカントウタンポポ。人口の多い関東圏で目につくからか、日本で流通する植物図鑑にはだいたい載っている植物です。ところがその分布は、非常に限定的。カントウヨメナ、カントウタンポポともに世界じゅうどこを見ても、関東地方周辺にしか自生していない、まさに激レア種なのです。このようにある地域にだけ生育する、分布の限られたものを「固有種」と言います。ここまで限定的でなくとも、日本特産であれば「固有種」の範囲内と言えます。

それに対して、アオスズメノカタビラやタチイヌノフグリなど、地球上の広範囲に分布するものを「汎存種」と言います。コスモポリタンなどと呼ぶこともあります。さすがに全制覇とは行きませんが、世界制覇をほぼ成し遂げた植物としても大げさではないでしょう。近年は、人が利用するために持ち込んだり、人々

世界に広がる汎存種

アオスズメノカタビラとタチイヌノフグリ

典型的な汎存種のひとつ。水田以外の場所で見かける「スズメノカタビラ」のほとんどがこれ。本物のスズメノカタビラは早春の水田に生えて全体的にがっしり、葉は黄色味が強い。

もともとヨーロッパ原産だったが、今では世界中に広がっている。

の移動とともにいっしょに拡散したりなど、人の手を借りて汎存種としての栄冠を勝ち取った植物も少なくありません。

「なんだ、自力で広がったわけではないのか」と思ってしまいそうですが、仮に人の手を借りて異国の地で芽生えたとしても、今までと異なる環境に適応し、現地の植物たちとの競争に勝てなければ、そこで生きていくことはできません。もちろん汎存種となるためには、世界中のありとあらゆる環境に適応できる能力が必要です。だから、自力で広がったものでも、人の手を借りたものでも、筋金入りの「タフな植物」であることには変わりないのです。

セイタカハハコグサ

ヨーロッパ発で世界中に広がっているセイタカハハコグサ。日本のハハコグサに似ているが、花色は茶色で、ひょろひょろと茎が長くのびる傾向がある。

除草剤を逆手にとるツワモノ

抗生物質を必要以上に使うと、それに耐性を持った細菌が出てきて薬が効かなくなる…このようなニュースを耳にしたことがある方も多いかもしれません。じつはこれと同じようなことが植物界でも起こっています。それが「除草剤抵抗性」と呼ばれるものです。

すべての雑草にとって、究極の脅威ともいえるのが除草剤でしょう。化学物質のはたらきで、問答無用であっという間に根こそぎ枯らされてしまいます。しかし雑草も、みずからの存亡の危機を黙ってやり過ごしているわけではありません。繰り返し除草剤の洗礼を受けるうちに、やがて除草剤への抵抗性を身につけた遺伝子を持つものが登場するようになり、ちょっとやそっとでは動じなくなったのです。それどころか、除草剤の力を借りて、全国制覇を成し遂げるというツワモノもいます。それがハルジオンです。

ハルジオンは北アメリカ原産の多年草で、もとは観賞用に導入されたものでし

いち早く除草剤に抵抗

ハルジオン

キク科 外来種

最初に園芸植物として導入されただけあって、いっせいに咲くととても美しい。

た。しかしタネやちぎれた根茎からよく増えるため、ほどなくして野生化しました。そして人々が除草剤を使うようになると、一気に雑草としての本性を現しました。いち早く除草剤への抵抗性を身につけ、ほかの草が枯れて空いた場所を次々と占領していき、爆発的に広がっていったのです。

ちなみに、植物の除草剤抵抗性が初めて発見されたのは1968年のこと。アメリカの畑に生えていたノボロギクが、除草剤抵抗性を獲得していると判明したのがきっかけです。以降、多くの雑草が除草剤抵抗性を身につけていることが分かり、現在その数は、数百種にも及ぶと言います。

水田地帯でもタフに生きる

イヌホタルイ

カヤツリグサ科　全国

とても地味な草であるため見過ごされがちだが、水田周辺では普通に見ることができる。

ホタルがいなくてもイヌホタルイ

ホタルイに似ているものの、別な種類であることから否（イナ）が冠されたイヌホタルイ。ホタルイは文字どおりホタルが棲むような山間の湿地に自生します。水のきれいなところを好み、除草剤の使われる水田にはまず出現しません。一方のイヌホタルイは、平地の水田地帯でも何食わぬ顔をしてたくさん生えています。これはイヌホタルイが水田で使われる除草剤に対する耐性を身につけているためです。

耐性を身につけ復活中！

ミズアオイ

ミズアオイ科　北海道〜九州

同じ仲間のコナギに似ているが、葉よりも上に花がつき、ひとつひとつの花もとても大きい。

絶滅危惧種の逆襲？

ミズアオイは、大きな薄い青紫色の花を咲かせる、とてもきれいな水田雑草です。しかし除草剤使用などの影響で全国的に激減し、すっかり珍しいものになってしまいました。

現在は環境省レッドリストで準絶滅危惧（ＮＴ）に選定されています。そんなミズアオイですが、１９９５年、ついに除草剤抵抗性を身につけた株が発見されました。以降、北日本を中心に水田雑草として復活しつつあるようです。

除草剤が生み出した植物？

ヒガンバナの中に、花色が淡く、茎の

ヒガンバナの変種

ワラベノカンザシ

ヒガンバナ科　分布不明

左は典型品のヒガンバナ、右がワラベノカンザシと呼ばれるもの。ヒガンバナの半分以下の草丈で、花色も淡い。

長さも極端の短い株が混じることがあります。これはワラベノカンザシと呼ばれ、ヒガンバナの変種として学名がつけられています。ところがこのワラベノカンザシが、除草剤の影響を受けて誕生した可能性が高いと指摘されているのです。あぜや農地の周りに多く生えるヒガンバナは、場所柄どうしても除草剤の影響を受けやすいため、あながち間違いではないかもしれません。

ちなみに、除草剤を撒いた後は、オオイヌノフグリなどの花が白く変色します。これを白化現象と言いますが、あくまで一時的なもので、やがて完全に枯れてしまいます。白花が次世代に引き継がれることもありません。

砂浜に生きる植物たちのど根性

砂浜に育つ植物を総称して、海岸植物（海浜植物）と言います。代表的なものにハマヒルガオやハマニガナ、ハマエノコロなどがあります。わたしたち人間にとっては海のレジャーを比較的安全に楽しめる砂浜ですが、多くの植物にとっては試練の連続となる、極めて厳しい環境です。海岸植物は、そういう環境にも耐えられるように体を進化させ、次々と襲いかかる試練にど根性で立ち向かっているのです。

まず、海沿いは総じて風が強く、頻繁に波しぶきをかぶります。2018年に日本を襲った台風24号では、顕著な塩害が問題となりました。吹き飛ばされた波しぶきが、記録的な暴風とともに内陸にまで運ばれたのが原因で、このときは、海から遠く離れた場所でも草木の葉が塩分で痛み、茶色く枯れて目立ちました。このように波しぶきの塩分は植物の体をひどく傷める原因となります。

しかも砂浜では直射日光が容赦なく照りつけます。わたしたちも無防備で強い

体の大半は地中

ハマニガナ

キク科　全国

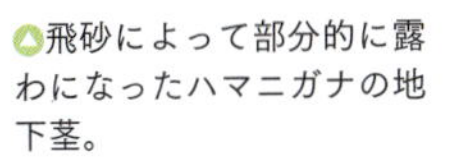
△飛砂によって部分的に露わになったハマニガナの地下茎。

◁一見するととても小さな草のように見えるが、体の大半は砂の中にあり、見えている部分は氷山の一角でしかない。

日光にさらされ続けると、皮膚が焼けて、ひどい場合はやけどのようになってしまいますね。植物も同様に、日差しが強すぎると、葉が痛んで黒く変色する「葉焼け」を引き起こします。

海岸植物に共通してみられる特徴として、「硬くて厚く、強い光沢をもった葉」がありますが、これは塩分や強光で葉が傷まないように変化したものです。光沢の正体は、表面を覆うクチクラ層と呼ばれるいわば植物の防護服です。クチクラ自体は多くの植物に見られるものですが、海岸植物では特に厚く発達しています。

ちなみに、比較的海に近いところに自生する樹木の中にも、葉が頑丈で光沢を持つものが見られます。これを総称して「照葉樹（しょうようじゅ）」と言い、表面のバリアが発達しているため、やはり潮風や排ガスなどに強いという特性があります。ハマヒサカキやクスノキ、マテバシイ、ウバメガシ、シャリンバイなどは、都市部でも公園樹や街路樹としてよく植栽されますが、これはその特性をうまく活用したものです。

もうひとつ、海沿いの道路を走っていると「飛砂（ひさ）注意」という標識を見かけることがあります。飛砂とは、砂が風とともに移動することで、これにより砂浜の表面は常に激しく動きまわっています。道路では、飛ばされてきた砂が視界を妨げ、堆積して通行に支障をきたすなど、厄介な現象ですが、植物にとっても生育を阻害する厄介な障壁となります。砂の移動とともに引っこ抜けて、どこかに飛ばされてしまうためです。海岸植物は、この飛砂にも適応済み。地下茎や根をとても長く伸ばし、深いところまで張りめぐらせて、体が持っていかれるのを防ぎます。また、水のしみこみが早い砂浜では、ある程度の深さまで水分がほとんどありません。根を深く下ろすことで、この問題も解決できるのです。その他、強い風で枝葉が折れてしまうのを防ぐため、草丈が低く抑えられます。

海辺にすむ強い草

ハマエノコロ

イネ科　全国

エノコログサの変種で海岸の環境に適応したもの。普通のエノコログサと比べてとてもコンパクト。

これも
海辺の環境に強い

ハマアザミ

海岸に自生するアザミの仲間。草丈が低い状態で開花し、葉は分厚く強い光沢がある。

周りが干からびてもずっと元気！

植物にとって「水」は、絶対に欠かすことができない存在です。多少日当たりが悪くても、肥料を与えるのをさぼっても、何とか育つものですが、水が切れるとたちまちしおれ、やがて枯れてしまいます。そんな植物の常識を覆すような存在が、いわゆる多肉植物やサボテンの類です。これらの植物は、まったく水のない状態でも何日も生き続けることができる、驚異のタフさを兼ね備えています。その秘密は、体のつくりにあります。多肉植物は茎や葉がとても肉厚でジューシー。ちぎってしぼると、水分が滴り落ちてくるほどです。体内に取りこんだ水分を茎や葉の中に蓄えることで、乾燥に備えているのです。その上で、さらに特殊な光合成システムを取り入れて、より乾燥に耐えられるようにしているものもあります（詳しくは28～30ページ参照）。

万年枯れない草？

まるで不死身

ツルマンネングサ

ベンケイソウ科　外来種

中国から韓国にかけてが原産で、地を這うようにしてどんどん広がっていく。原産地の韓国では葉を生食するという。

多肉植物でおなじみのセダム。ベンケイソウ科マンネングサ属に分類される植物を総称したもので、とても多くの種類があります。セダムはマンネングサ属の学名Sedumをカタカナ読みしたもので、日本名のマンネングサの名前で呼ばれることもあります。弁慶に万年…いかにも強そうな名前ですが、どちらも茎を切った状態でそのまま放置しても、ずっと枯れないで生きているタフさに由来しています。

この仲間は、道ばたに堆積したわずかな土の上でよく繁殖しています。雨がまったく降らずにカラッカラに干からびて、他の草も枯れあがってしまったとしても、マンネングサの類だけは全く動じる気配がありません。ぶちぶちと適当にちぎった枝を土の上にばらまくと、そのひとつひとつがやがて根を下ろし、新しい株として成長を始めます。そして、ちぎれ枝を水や土がまったくない場所に置きっぱなしにしていても、1週間以上平気で生き続けます。弁慶や万年の名に恥じない、正真正銘の「タフな植物」と言えます。

\ 屋上緑化にも /

メキシコマンネングサ

メキシコ市で採られたタネをもとに名前がつけられたものだが、真の原産地はよく分かっていない。とても過酷な場所でも元気に育つので、屋上緑化などにも利用される。

Part 5

タネ飛ばし七変化

風に乗ってどこまでも……

　せっかくタネを作っても、全部がそのまま自分の真下にぽろぽろとこぼれ落ちたのでは、あまり意味がありません。分布を拡大するのに時間がかかるし、狭い範囲で発芽した子孫どうしで、場所の取りあいが起きてしまいます。そうこうしているうちに、やがて淘汰されてしまいます。これは、水や養分の取りあい、日の当たる場所を巡る競争、それから植物が出す化学物質（アレロパシー物質など）が関係していると言われています。また、密度が高くなりすぎると、生育の悪い株は自滅する「自然の間引き作用」があるとも言われています。

　さらに、環境の急変があると、共倒れしてしまう恐れもあります。

　それを防ぐためにもタネを分散させつつ、少しでも遠くへと運びたいものですが、いかんせん植物は自分で動くことができません。そこで巧妙な仕掛けを施して、自然の力や生きものなど、身近なものをうまく利用しているのです。植物がタネをあちこちに運ぶための方法を「種子散布」と言います。本章では、さまざ

ケサランパサランの正体？

ガガイモ

キョウチクトウ科　北海道〜九州

河原や荒れ地に生えるつる植物で、夏にくすんだピンク色の星形の花を次々と咲かせる。果実は成熟すると2つに割れ、白くて長い綿毛のついたタネが風であちこち飛ばされていく。

タネ

果実

まな種子散布の方法を見ていきましょう。

まず風の力を利用する「風散布」。風散布には、いくつかの方法がありますが、比較的よく見られるのが、風に乗りやすくするようタネにふわふわの綿毛をつけるものです。綿毛つきのタネをつくる植物は分類の垣根を越え、さまざまな種類に見られます。その中でもよく話題として取り上げられるのはガガイモでしょう。ガガイモの果実はラグビーボールのような形をしているのですが、成熟すると2つに割れて、中から綿毛つきのタネがたくさん飛び出してきます。ガガイモの綿毛を種髪（しゅはつ）と呼びますが、まるで絹糸のように白く輝きとても美しいもので

今は絶滅危惧種

オキナグサ

キンポウゲ科　本州〜九州

草原に自生するが、現在は野生のものは極めて少なくなり、絶滅危惧種となっている。果実の綿毛が翁の白髪を連想させると言う。

す。風に舞うその姿は、いわゆる「ケサランパサラン」の正体のひとつとも言われています。

また、タネの綿毛が名前の由来になっているものもあります。例えばセンニンソウ。これは白い綿毛を仙人のひげや白髪に見立てたものです。同様に、綿毛を翁（おじいさんのこと）の白髪に見立てたオキナグサという植物もあります。

タネに翼がついている

綿毛の代わりに、自前の翼を使って風に乗るタネもあります。もちろん自分で羽ばたくわけではありません。タネの周りに薄い膜のようなものがついていて、風の力を受けて舞いやすい構造になって

地中の芋は「自然薯」

ヤマノイモ

ヤマノイモ科　本州～沖縄

ヤマノイモの果実とタネ。地中にできる芋は「自然薯」と呼ばれている。タネには薄い翼がついていて、開いた果実のすき間から風に乗ってどこかへと旅立っていく。

いるのです。ヤマノイモ類やユリ類などに見られるタイプのタネのつくりですが、どちらかと言うと、樹木に多く見られる傾向があります。ちなみに植物の場合、翼と書いて、「つばさ」ではなく「よく」と読みます。

ガマの穂綿

水辺にたたずむソーセージのような穂のガマ。この穂を摘んで肩たたき棒の要領でぽんぽんと肩を叩くと、なかなか気持ち良いものです。叩いても簡単に壊れないため、さぞかし頑丈なものでできているのかと思いきや、その正体は大量の綿毛つきのタネが、ぎゅうぎゅうに詰まったものです。穂が完全に熟すと、些細

ソーセージのような穂

ガマ

ガマ科　北海道〜九州

こうなる

水辺に生える多年草で、草丈は人の背丈以上にもなる。ソーセージのような茶色い穂をつけ、成熟するとほぐれてボサボサになる。このボサボサの正体は大量の綿毛つきのタネで、風の強い日は吹雪のように舞う。

なことでほつれ、白い穂綿がむくむくもこもこと、湧き出るように飛び出してきます。観察会で子どもたちの前でガマの穂綿をほぐすと、大量にあふれてくる穂綿に、まるで手品でも見ているかのような歓声が上がります。この綿毛つきのタネは雪のように風に舞いあちこちに飛ばされていきます。さらに一部は、水辺を飛びまわる鳥の羽根にまとわりつき、より遠くへと運ばれていきます。

雨の日は綿毛を閉じる

風散布の代表ともいえるタンポポ。ふうっと息を吹いて綿毛つきのタネを飛ばして遊んだことのある方も多いことでしょう。耳に入ると…なんて言われます

天気によって毛を開閉

タンポポの仲間

キク科

いわゆる外来タンポポのタネ。タネについている綿毛は、乾燥すると開き、濡れると閉じる。

が、飛んでくるタネを耳に入れるのは至難の業ですし、仮に無理やりねじ込んだとしても、そんな作用はなく、単なる都市伝説です。強いて言えば、雑菌が入って炎症を起こす恐れがあるくらいでしょうか。

　そんなタンポポの綿毛は、じつは開いたり閉じたりしています。乾燥した晴れの日は、めいっぱい開いて、風とともに旅立つその時をじっと待っています。一方で朝露や霧、雨などで濡れると綿毛は閉じて、お休みモードに入ります。濡れていると、あまり遠くまで飛べないからでしょうか……。植物の細かい芸当にただただ感心させられます。

水に浮かんでどこまでも……

おばあさんが川で洗濯していると、どこからともなく大きな桃が…日本の昔話、桃太郎の有名なワンシーンです。これを想起させるのが「水流散布」です。自分のタネを水の流れに託して拡散させようとするという方法で、水辺に生える植物に多く見られるものです。もちろん桃太郎は作り話で、実際のモモが水流散布ではない…というのは言うまでもありませんけどね。

しかし水底に沈んでしまっては、水の流れにうまく乗ることができません。そこでタネそのものを軽くしたり、平べったい形にしたり、コルク質にしたりと、水に浮きやすくするためにさまざまな仕掛けが施されています。

水流散布の効果を狙う植物の中には、タネ本体のまわりに翼(よく)をつけているものも少なくありません。面白いことに、同じ仲間でありながら、種類によってタネの翼が目立つものとそうでないものに分かれる分類群もあります。例えばタカサブロウの仲間。在来種のモトタカサブロウのタネは左右に翼があってずんぐりし

なぜか翼はない

アメリカタカサブロウ

キク科　外来種

△モトタカサブロウに似ているが、全体的にスマートで、タネに翼はない。

タネのまわりに翼①

モトタカサブロウ

キク科　本州〜沖縄

▽モトタカサブロウ。タネは左右に翼がついていて、ずんぐりして見える。

て見えるのに対し、アメリカ原産の外来種アメリカタカサブロウのそれには翼がなく、ほっそりとして見えます。理由は不明ですが、モトタカサブロウが湿地環境にのみ生育するのに対し、アメリカタカサブロウはより乾燥した環境にも適応していることと関係があるかもしれません。

コルクの莢に包まれて…

水田雑草のひとつクサネムの果実は、マメ科植物に特有の「莢（さや）の中にタネ（豆）が入るつくり」です。しかし一般的に連想するインゲンや枝豆などの莢とは、構造が少し異なります。なんとタネとタネの間の部分に「切れ目」が入っていて、成熟するとそこからポキポキと折れ、最終的にはタネごとにバラバラになってしまうのです。

この莢はコルク質なので水によく浮かびます。タネは、四角形に折れた莢に包まれたまま落下し、水面を漂いながら新天地に向けて旅をします。

タネは莢にがっしりと包まれていて、観察しようと思っても取り出すのは容易ではありません。おそらく自然の状態でも、莢の中からタネが飛び出す確率はそんなに高くないように思います。しかしそれでも大丈夫。クサネムのタネは、莢に包まれた状態のままでも発芽可能なのです。

海を渡るタネ

海沿いに生える植物の中には、タネが海流とともに運ばれていくようなものもあります。これを「海流散布」と呼び、日本ではハマオモトやグンバイヒルガオ、ハマゴウなどが、この方法でタネを運んでいます。海流に乗ってはるばると旅をして、異国の地に流れ着くものも少なくありません。ヤシ類やモダマなど、熱帯地方から漂着した植物のタネが日本の浜辺で見つかることがあります。

タネのまわりに翼②

オモダカ

オモダカ科　全国

◀水田雑草でおなじみのオモダカ。タネは翼がついていて平べったく、水によく浮く。

タネは莢とともに

クサネム

マメ科　全国

▶クサネムの果実は成熟するとバラバラになって水面を漂う。

タネは海に流れていく

ハマオモト

ヒガンバナ科　本州～九州

◀関東地方以西の暖かい地域の海岸に生える。タネは直径3cmほどと大きいが、コルク質で水によく浮かぶ。

水しぶきでタネを運ぶ

空から落ちてきた雨粒は、地物に当たると、ぴしゃんと跳ねてあちこちに飛び散りますね。このときの勢いを利用して、水しぶきとともにタネを撒き散らそうとする作戦が「雨滴散布（うてきさんぷ）」です。この方法をとる植物は、果実が熟すと上を向いたままぱっくり開き、中のタネをさらします。いわば「果皮の皿」の上にタネが乗っかっているような状態です。雨が降りはじめると「巣立ち」の時。雨粒が「果皮の皿」に当たった瞬間、跳ねるときの勢いに乗って、中のタネがいっせいに外へと飛び出していくのです。

雨のときだけ果実を開く

道端や空き地などにはびこるユウゲショウも雨滴散布です。その果実はマラカスのようなかたちで、成熟すると茶色くなります。ところが、いつまでも開く気配を見せません。じつはユウゲショウの果実には、優秀なセンサーがついていま

雨を待っています！

ユウゲショウ

アカバナ科　外来種

ユウゲショウの果実は濡れると開き、乾くと閉じる。

す。果実が水に濡れたことを検知してはじめて、開いて中のタネを露出させるしくみになっているのです。しかも開いたら開きっぱなしではなく、乾くと再び果皮を閉じます。これは雨の時だけタネを露出させて、効率よく種子散布するための作戦なのでしょう。ちなみに、人工的に水をかけて開かせることもできます。水に濡らしてから数分も経たないうちに、まるで花が咲いたようにぱかっと開くため、観察会で実演すると反響が大きいもののひとつです。

水しぶきを求めて開く「猫の目」

山地の沢沿いに生えるような植物にも、水しぶきを活用する種類が見られます。

それがネコノメソウの仲間。ネコノメソウは、上から見ると「猫の目」のように見える部分があることからその名がつけられました。この猫の目の正体こそが、果皮の皿の上に乗っかった微細なタネの集団。沢沿いでは、雨が降らずとも川からの水しぶきが頻繁にかかるため、それを利用してタネを拡散させようとしているのです。

タネはすごく小さい！

ツメクサ

ナデシコ科　全国

果皮が花のように開いて、中から砂粒のように細かいタネが顔を出す。こうやって雨粒が当たるのを待っている。

確かに猫の目みたい！

ヤマネコノメソウ

ユキノシタ科　北海道〜九州

皿のように開いた果皮と、その中に入るタネとの組み合わせで、まるで猫の目のように見える。

自分で土の中へ潜りこむ

植物のタネは、小鳥などの動物にとっては「最高のごちそう」です。それが栄養価の高いものとなれば、なおのことでしょう。成熟した後も穂についたままだったり、地面の上にただ転がっていたりするだけでは、あっという間に鳥さんに食べられてしまう上に、乾燥しがちで発芽率も悪くなってしまいます。皆さんもタネをまいた後は、その上から薄く土をかぶせてあげますね。そうすることで、風でタネが飛ばされにくくなり、水分量や温度を一定に保つことができるため、発芽率は飛躍的に向上します。ただし、発芽に光が必要な「好光性種子（こうこうせいしゅし）」は、土をかぶせると発芽しません。

もちろん野外では土をかけてくれる人なんていません。そこで自ら動いて、土の中へタネを潜りこませようとする植物もあります。それが**カラスムギ**です。

芒がタネを土の中へと……

カラスムギは1つの小穂の中に2〜3個のタネができます。タネは「護穎」という硬い殻に包まれていて、そこから1本の長い芒が飛び出しています。この芒、最初のうちはまっすぐですが、やがてかくんと「くの字」に曲がります。タネは完熟すると護穎と芒をつけたまま、ぽろっと地面に落下します。そしていよいよ、タネの仕掛けが発動します。雨や朝露などで濡れた途端に、なんと、タネがくねくねと動き出すのです。その不思議な動きの秘密は芒にあります。芒を構成する細胞組織は、湿ると膨らみ、乾くと縮むのですが、その伸縮の度合いが部位によって微妙に異なるために引き起こされる「動き」なのです。

芒は乾いているときは捩じれていますが、水に濡れるとその捩じれは解けていきます。その動きにより、芒の先がくるくると回転します。やがて芒の先が何らかの障害物に引っかかると、今度はタネの側がくるくると回り、まるでドリルのように土の中へと潜り込もうとします。捩じれが完全に解けると、芒はまっすぐになりますが、まだ終わりではありません。

濡れたタネが乾くとき、今度は逆に回転して捩じれが元に戻ります。タネを包

驚きの仕掛け！

カラスムギ

イネ科　外来種

ヨーロッパ原産で、畑地や道端などいたるところに普通に見られる。芒の回転がまるで茶臼を挽いているように見えることからチャヒキグサとも。

ここが

熟して脱落したカラスムギのタネ。護頴や芒がセットになっている。護頴はタネを包む硬い殻のことで表面に長い毛がたくさん生えている。

む護頴には逆向きの毛が多く、これが土から抜けるのを防ぐストッパーとしてはたらきます。そのため逆回転になっても簡単には抜けずに、むしろより深く潜り続けていきます。

ご自慢の芒も人には邪魔な存在

このカラスムギを改良したものがマカラスムギです。エンバクとも呼ばれ、牧草や飼料のほか、穀物としても重要で、古くから世界各地で栽培されています。オートミールやウイスキーの原料にもなります。マカラスムギの小穂は、カラスムギと比べると大きく、そして芒は目立ちません。

冒頭でふれたとおり、カラスムギの芒には、タネを土の中に固定し発芽しやすくする役割がありますが、一方で人間にとっては単なる「邪魔物」です。またカラスムギのタネは、熟したそばからぽろぽろと落ちていく性質がありますが、これでは収穫もままなりません。そこで人々は、芒が邪魔にならず、さらにタネが成熟しても脱落せずに穂にとどまっているようにと改良していったのでしょう。その結果誕生したのがマカラスムギなのです。

カラスムギを改良

マカラスムギ

イネ科 外来種

古くから栽培されているが、牧草地周辺などでは野生化していることも。カラスムギよりも葉幅が広く、芒はほとんど目立たない。

タネを自分で弾き飛ばす

植物は基本的に自分の意志で動きまわることはできません。しかし、まったく動いていないわけではなく、日を追うごとに成長したり、花を開いたり、つるを絡ませたりと、どの植物もゆっくりゆっくりと運動をしています。その動きは肉眼ではわからないほどとてもゆっくりであるため、観察するにはインターバル撮影をする必要があります。しかし中には、目に見える速さで動くものもあります。葉に触れた瞬間に閉じてしまうオジギソウはその代表的な例と言えます。そして自分のタネを撒き散らすのに、この手の運動を行う植物も少なくありません。

例えばツリフネソウやホウセンカの果実は、成熟すると軽く触れただけでパチンと音を立てて弾け、中のタネをまき散らします。ちなみにツリフネソウの仲間を、総称してインパチェンス（Impatiens）と呼びます。これは「我慢できない」というラテン語からきていますが、果実がすぐ弾けてしまう様子を表したも

秋に花が咲く

ツリフネソウ

ツリフネソウ科　北海道～九州

果実

山野の湿った場所に生える。秋に船を吊ったような赤紫色の花を咲かせる。中のタネが成熟していれば、果皮がまだ緑色でも軽く触れただけでぱちんと弾ける。

果皮が2つに割れる

キツネノマゴ

キツネノマゴ科　本州～九州

果実

秋の道ばたで赤紫色の花をたくさん咲かせる。上の写真は弾けた後の果実。果皮は2つに割れて、中のタネを思い切り弾き飛ばす。

のです。そのほか、カタバミやキツネノマゴ、カラスノエンドウ、タネツケバナ、ムラサキケマンなどもタネを自分で弾き飛ばします。

圧力で弾き飛ばす

道端や畑地に多いクワクサ。あまり注目されない存在ではありますが、じつはタネ飛ばしの技を持っていて、ひと知れず、音もたてずにひっそりとタネを飛ばしています。クワクサの果実は下半分だけが大きく膨らんで、そこにタネが1個はさまった状態となっています。横から見ると、まるでタネがクレーンゲームのアームでつかまれたように見えます。果実の下半分はどんどんと膨らんで、タネに両側からぎゅうっと圧力をかけていきます。やがて限界に達すると、タネがスポーンと抜けて飛ばされていく、そんな仕組みになっているのです。

パンジーなどスミレの仲間も同様に、タネに圧力をかけて弾き飛ばしています。果実が成熟すると、果皮が3つに開きます。1枚の果皮はボートのような形をしていて、その中に小さな丸いタネがいくつも乗っかっているような状態です。時間の経過とともに果皮はきゅうっとすぼまり、ボートの幅がどんどん狭くなっていきます。

桑に似てるから

クワクサ

クワ科　本州〜沖縄

もうすぐ飛び出るよ！

クワクサ。桑に似た葉をつけ、木ではなく草なので桑草の名前がついた。上は発射を待つ薄茶色のタネ。白い部分がタネにじわじわと圧力をかけている。

タネがみっしり！

パンジー

スミレ科　交雑種

パンジーのタネが成熟し、果皮が3つに開いた。果皮は次第にきゅうっとすぼまり、中のタネを押し出す。

やがて限界に達すると、中のタネがポーンと弾き出されてしまうのです。じつはスミレの仲間は、タネにエライオソーム（108～110ページ参照）がついており、弾き出された後は、アリによってさらにあちこちへと運ばれています。いわば合わせ技で、タネをより遠くへ拡散させようとしているのです。

植物界のアンダースロー投手

古くから即効性のある民間薬として重宝されてきたゲンノショウコには、ミコシグサの異名があります。それはタネを飛ばした後の果実の残骸が、まるでおみこしのように見えることからきています。と言っても、ゲンノショウコの果実は初めからおみこし状になっているわけではありません。最初はつんと細長くとがったような形をしています。このとがった部分の先端からは5枚の裂片が伸びています。それぞれの裂片は、とがった部分に沿って下まで伸び、がくの上にあるタネを1個ずつ包んでいます。やがてタネが成熟すると、この裂片が勢いよくまくれあがり、その時に包んでいたタネを放り投げるように飛ばします。下から上に向かってポーンと放る、アンダースロー（下手投げ）の手法を使っているのです。裂片が5枚ともまくれあがると、おみこしの完成です。

腹痛に効くと言われた

ゲンノショウコ

フウロソウ科　北海道〜九州

花は白色と赤紫色とがある。

タネを飛ばした後は、まるでおみこしのような姿になる。

人や動物に運んでもらう

秋の野山を無防備に歩くと、洋服が植物のタネだらけになってしまいます。これも立派な植物の種子散布方法のひとつで、人や動物の体に直接くっついてタクシー代わりにして、あちこちにタネを運ぼうという作戦です。これが「付着散布」で、俗に「ひっつき虫」などとも呼ばれています。付着散布を採用している植物はとても多く、その手法もさまざまです。

比較的多く見られるのが、先がくるんと巻いた「かぎ爪状の刺」で服の繊維や動物の体毛に引っかかるようにしてくっつくものです。オオオナモミやキンミズヒキ、ヤエムグラ、ヤブジラミ、シナワスレナグサなど、分類の垣根を越えて多種多様な植物で見られます。

返しつきの刺で突き刺さる

ひっつき虫の中には、刺の先がかぎ爪状になっておらず、直接繊維や体毛のす

トゲがびっしり！

キンミズヒキ

バラ科　北海道〜九州

▽キンミズヒキは果実にかぎ爪状の刺がびっしりと生えていて、服によくくっつく。

クローバーみたいなトゲ

シナワスレナグサ

ムラサキ科　外来種

△シノグロッサムの名前で観賞用に栽培される。果実の表面にある刺は、先が４つに分かれ、それぞれがかぎ爪状になっているため、服によくくっつく。

き間などに突き刺さるものも多くみられます。タウコギ、コセンダングサ、アメリカセンダングサなどセンダングサ類のタネがその代表選手です。しかしそれだけでは固定が弱く、すぐに落ちてしまいます。そこで簡単には外れないよう、刺には返しとなる小さな刺がたくさん生えています。これが滑り止めのはたらきをして、一度突き刺さったら簡単には落ちないようになっています。

ところが、この手のひっつき虫にはちょっと残念な面も見え隠れしています。動物の体毛につく分には、適当なところではずれて落ちるのでしょうが、洋服の場合、素材によっては滑り止めが効きすぎて、まったくはずれなくなります。結果、家で洗濯前に人の手によってはずされ、そのままごみ箱にポイ。新天地を目指すどころか、単にゴミとして処分されてしまいがちです。

またコセンダングサのタネの刺は、先が鋭くとがっているため、そこにアキアカネが引っかかって、身動きが取れないまま亡くなっている姿をよく見かけます。コセンダングサは北アメリカ原産で、いたるところで旺盛に繁茂して植生を乱すとして「厄介な外来雑草」の扱いですが、植物だけではなく、アキアカネにとっても思いがけない脅威となっているようです。

水鳥の脚に引っかかる

水生植物のヒシは、水面にひし形の葉を浮かべながら育ちます。果実は葉の下にできるため、上から眺めているだけだと見えませんが、株を引っこ抜いたり、裏返したりすると、その姿を見ることができます。かつて忍者は追っ手から逃れるために、ヒシの仲間の果実を乾燥させたものを地面に撒いたというくらいで、果実には鋭い刺があります。この刺にも返しとなる小さな刺がびっしりと生えています。発芽の際にぐらぐら動いてしまっては、水底に根を下ろすことができないため、第一に体を固定する役目があると考えられますが、もうひとつ種子散布

トンボも引っかかってしまうトゲ

コセンダングサ

キク科 外来種

コセンダングサの果実は鋭い刺があるため、アキアカネがよく引っかかってしまう。

忍者も使ったトゲ!?

ヒシ

ミソハギ科 北海道〜九州

とんがっている!

ヒシの果実には鋭い刺がある。その刺には返しとなる小さな刺がたくさん生えている。

まるでペンのキャップ！

ヒナタイノコヅチ

ヒユ科　本州〜九州

ヒナタイノコヅチの果実には2本の刺があり、まるでペンを差すように引っかかる。

の手助けとしても役に立っているようです。返しつきの刺があることで、水鳥の脚などに引っかかりやすく、水鳥の移動とともにあちこちに運ばれている可能性があります。

ペンを差すように…

イノコヅチ類は、穂を洋服に接触させたまま、根元から先端に向かってぴーっと引っ張ると、タネがたくさんくっつきます。これらのタネも、服の繊維のすき間に刺が引っかかるようにしてくっつきますが、その構造は「かぎ爪」や「返しつきの刺」ではなく、ペンのキャップのようになっています。いわば、胸ポケットにペンを差したような状態です。

芒でくっつくわけではない

ケチヂミザサ

イネ科　北海道〜九州

山野の木陰に生え、しばしば群生する。穂が成熟すると、ベタベタの粘液を出してズボンによくくっつく。

これらのタネは、穂を根元から先端に向かって引っ張るとよくくっつくのに対し、逆方向、つまり先端から根元に向かってだと、タネはほとんどつきません。これは、ペンの向きが逆だとポケットにペンが差さらないのと同じことです。

ベタベタの粘液でくっつく

晩秋の野山を歩くと、足元に**ケチヂミザサ**のタネがびっしりと取りつきます。タネを見ると長い芒が目立ちますが、じつはそれで突き刺さっているわけではなく、ベタベタの粘液を出して直接貼りついているのです。一方で**ヌスビトハギ**は、刺が目立たずさわるとベタベタしていますが、粘液は分泌していません。表面に顕微鏡で見ないとわからないような微細な刺がびっしりと生えていて、その先がかぎ爪になっています。つまりかぎ爪型でくっついているのです。

水に濡れるとべたつく

付着散布の方法をとる植物の中には、タネに刺も粘液もなく、普段の状態を見ている限りは、それを感じさせないものもあります。オオバコやコショウソウ、イグサなどがこの手の植物です。

いずれも朝露や雨などでタネが濡れると、途端にその表面がべたべたしたものに覆われます。これで草むらを通る人や動物にくっついて、あちこちに運ばれていくのです。この粘液はそれほど付着力の強いものではないため、乾いてくると適当なところではずれて落下します。特に人の通り道を生育環境としているオオバコは、濡れてべたべたになったタネが靴裏やタイヤにくっついて、どんどん分布を広げています（190〜192ページ参照）。

果実はまるでサングラス！

ヌスビトハギ

マメ科　全国

サングラスのような形をした果実で、表面に微細なかぎ爪状の刺がびっしりと生えていて服によくくっつく。

タネが雨でベタつく

イグサ

イグサ科　北海道〜九州

イグサのタネは雨に濡れると透明な粘液に覆われる。これがべたべたしていて服につく。

合わせ技でより効率よく……

ここまで植物のさまざまな種子散布の技を紹介してきました。それぞれの方法を整理して分類すると、次のようになります。

（1）風の力を借りる（風散布）
○綿毛や翼などで風に乗る
○タネが砂粒のように微細で容易に飛ばされる
○枝が風で揺れて、タネが撒き散らされる

（2）水の力を借りる（水散布）
○河川など、水の流れに乗る……水流散布
○海流に乗る……海流散布
○雨粒とともに跳ねる……雨滴散布

（3）動物によって運ばれる（動物散布）
○野鳥などに食べられ運ばれる　…被食散布
○リスなどの貯食の食べ残し　…貯食（ちょしょく）散布
○アリに運ばれる　…アリ散布
○体にくっついて運ばれる　…付着散布

（4）その他
○自力で飛ばす　…自力散布
○重力による自然落下　…重力散布

これら種子散布の仕掛けは、どれも巧妙にできていて、植物のしたたかさには驚かされるところですが、中には1つの種類で複数の方法を取り入れて、より効率を高めているものもあります。

例えばオオオナモミ。動物の体にくっつく「ひっつき虫」として有名ですが、じつは軽くて水によく浮き、水流散布でも分布を広げています。オオオナモミが

美しいが有毒

ムラサキケマン

ケシ科　全国

春の里山に多く生える越年草。とても美しいが有毒なので、誤食しないよう注意が必要。

果実期のムラサキケマン。軽く触れただけでぱちんと音を立ててタネが飛び散る。

河原や水辺にたくさん生えているのは、水流散布の成果と言えるでしょう。

また**ムラサキケマン**は、春の野山で赤紫色の花を多数咲かせる美しい野草ですが、果実が成熟するとパチンと弾けて中のタネを撒き散らします。が、それだけではなく、撒き散らされた個々のタネには、エライオソームがついていて、アリによってさらにあちこちへと運ばれていきます。複数の方法を取り入れ、「合わせ技」で厳しい生存競争を生きのびようとしているのです。

今はほとんど外来種

オオオナモミ

キク科　外来種

現在「おなもみ」と呼ばれているもののほとんどが外来種のオオオナモミ。在来種のオナモミは風前の灯火状態で絶滅危惧種になっている。

▽オオオナモミの水流散布。オオオナモミのタネは水によく浮く。

△オオオナモミの大発生。川の両岸を覆っているのはほとんどがオオオナモミの若い苗。

column

まだまだあります！

おもしろ雑草 〜はみだし編〜

冒頭の「はじめに」でも記したように、雑草の魅力・不思議は無限大にあります。本文で紹介したものは、そのごくごくわずかな部分を垣間見ただけに過ぎません。ここではみだし編として、本文には載せきれなかったような個性的な雑草の魅力を、数点ピックアップしてみたいと思います。

◎もしかして木なの？

草なのか、木なのか、その判断材料は「地上の茎」の寿命です。茎が短期間（多くは1年未満）で枯れるものが草、何年も生き続けるものが木です。多年草でも、1つの茎は1年以内に枯れ、新しいものに入れ替わっています。

木の茎は年々太くなり、表面が分厚く硬くなる「木化」が起こります。冬に葉を落とすものでも茎は生きていて、枝先の冬芽で春をじっと待っています。

ただ、草と木のちがいははっきりしているようではっきりしておらず、区別に悩むも

ケチヂミザサ

越冬後の茎

のもあります。例えばクズやノブドウ、ヘクソカズラなどは「野草」として扱われますが、よく見ると茎は何年も生き続けており、冬芽をつくります。ケチヂミザサに至っては、どう見ても草ですが、観察していると茎は冬になっても枯れず、春が来ると茎の節々から芽を出します。つまり茎が何年も生きて冬芽で越冬するという、木の性質を持っているのです。

◎ていねいに耳までついている

野原に生えるタヌキマメ、この名前の由来には2つの説あります。ひとつは茶色い毛に覆われたがくが、タヌキっぽく見えるというものです。もうひとつは花

タヌキマメ

を正面から見たときの様子です。なんと花の上に「がくの耳」が2つ、ツンツンとついて、何とも愛らしいタヌキのお顔のように見えるのです。ただ残念ながら今ではそうそうお目にかかれない希少種になってしまいました。

◎手についたら数日は落ちない

ヨーロッパ原産のカラクサナズナは、花は目立たないものの、細かく切れ込んだ葉が唐草模様を思わせ、趣があります。ところが言葉で形容しがたい不思議な異臭があり、手についたら最後、どんなに洗っても数日は残り香に悩まされる羽目になります。まだ手につくぶんには問題ないのですが、牧

カラクサナズナ

草地に生えると大変。牛が食べてしまうと、牛乳にその匂いがうつってしまい、飲めたシロモノではなくなってしまいます。そのため酪農家の間では非常に恐れられている草です。

◎犬と猫、2つの名を持つ

イヌハッカはキャットニップとも呼ばれ、ハーブとして栽培されています。イヌにキャット、そう、この植物は犬と猫の2つの名前を持ちます。日本では、有用植物に似て非なるものに対し、名前にイヌを冠する傾向があります。これは、動物の犬というよりは、否（いな）から来ているようです。一方のキャットニップは英名で、猫がこの香りを好むことに由来します。猫好きにはたまらないですが、一方で栽培するとなると、野良猫に庭を荒らされるリスクを伴います。

イヌハッカ

ワ行

マ行

ヤ行

タ行

ナ行

ハ行

サ行

INDEX

ア行

カ行

岩槻秀明 いわつき・ひであき
自然科学系ライター。気象予報士。

1982年9月生まれ。宮城県気仙沼市出身。

千葉県立関宿城博物館調査協力員、千葉県希少生物及び外来生物リスト作成検討会種子植物分科会委員などを務める。

草花や天気など、身近な自然を題材に幅広く執筆活動を行っている。愛称はわぴちゃん。

著書に『散歩の草花図鑑』(ビジュアルだいわ文庫)、『散歩の花図鑑』『散歩の樹木図鑑』(新星出版社)、『最新版　街でよく見かける雑草や野草がよーくわかる本』(秀和システム)など多数。

公式ホームページ「あおぞらめいと」
http://wapichan.sakura.ne.jp/

本作品は当文庫のための書き下ろしです。

ビジュアルだいわ文庫

「ぱっと見(み)」では気(き)づかない
すごすぎる雑草(ざっそう)

著　者　岩槻秀明(いわつきひであき)

2019年5月15日第一刷発行

発行者　佐藤 靖
発行所　大和書房(だいわ)
東京都文京区関口1-33-4　〒112-0014
電話03-3203-4511
装幀者　福田和雄(FUKUDA DESIGN)
本文デザイン DTP　朝日メディアインターナショナル株式会社
本文写真　岩槻秀明
本文印刷　歩プロセス
カバー印刷　歩プロセス
製　本　ナショナル製本

ISBN978-4-479-30762-4
乱丁本・落丁本はお取り替えいたします。
http://www.daiwashobo.co.jp/